クモはなぜ糸をつくるのか？

糸と進化し続けた四億年

三井恵津子 訳
宮下　直 監修

Spider Silk
Evolution and 400 Million Years of Spinning, Waiting, Snagging, and Mating
Leslie Brunetta, Catherine L. Craig

丸善出版

Spider Silk

Evolution and 400 Million Years of
Spinning, Waiting, Snagging, and Mating

by

Leslie Brunetta
and
Catherine L. Craig

Japanese translation published by Maruzen Publishing Co., Ltd., Tokyo.

This edition is published by arrangement with Yale University Press through Japan UNI Agency, Inc., Tokyo.
Printed in Japan

なんと、四億年も辛抱し続けられた君のために
愛と笑いで励ましてくれた君のためにも

クモをじっと見始めたら，ほかのことは忘れてしまう
——なにしろ、やつらときたらどこにでもいるんだから

——E・B・ホワイト *Pigs and Spiders* より

監修のことば

クモは、その始祖から数えれば四億年の星霜を経て今日に至った生き物である。我々が属する哺乳類はもとより、中生代の覇者たる恐竜でさえまだ誕生していない時代から地球上に住みついていた大先輩と言える。現生のハラフシグモは、太古の化石と体のつくりがほとんど変わらないまま、いまだに人知れず地面で暮らしている。その一方で、チョウやハチなどの昆虫の後を追って進化したオニグモやジョロウグモは、最強の化学繊維ケブラーよりも丈夫な糸を使い、空中に「円網《えんもう》」という生物界に比類のない、美しくも精巧な罠を仕掛けるようになった。極めつけは、一本の伸縮性に富む糸とその先端に付いた粘球でガを狩るナゲナワグモであろう。このクモは、雌のガのフェロモンを使って雄のガをおびき寄せているのだから、まさに進化が生み出した傑作といってよいだろう。

この本は、こうしたクモの四億年の進化の歴史を、最新の分子生物学や生態学の知見をもとに紐解いている。それは、ありがちな「生き物列伝」のような羅列ではないし、子供騙しの「なぜなぜ物語」とも違う。ダーウィンとウォレスに端を発する自然選択の理論に基づいた進化の過程、革新的な形質の起源についての発生的そして分子的な仕組み、さらに餌生物や天敵との駆け引きから誕生した「延長された表現型」など、生物進化の醍醐味を集めた話題が続々と登場する。見方を変えれば、現代科学の枠を集めた、ある生物の歴史書とも言える。

著者の一人であるキャサリン・クレイグは、ここ三十年来クモの生態や進化を、一貫して糸や網の機能とその分子的基盤の観点から研究している。私はすでに一九八〇年代後半、彼女が初期の論文を世に出した頃から、その研究に注目していた。それまでにもクモの糸や網の研究は数多くあった。だが、多くの生態学者や分類学者は、大雑把な網の形質や行動から適応や進化、あるいは系統を論じていたし、生物材料学者は特定のクモの特定の糸にだけ注目し、その強さをほかの材料と比較して議論していた。しかし、彼女は物質的な観点から糸のさまざまな特異性を解明し、それを多様な網の構造や機能、そしてそれに連なる生活史へと統合することで、クモの進化生物学に新たな道筋を与えた。その意味で、非常に野心的でオリジナリティに満ちた研究者と言える。もう二十年ほど前になるが、ある学会のパーティの席で彼女に質問したことがある。コガネクモが円網の中につくる、白く派手な飾り（「隠れ帯」とも言う）が、ハチなどの餌を誘引する機能があることを証明して間もない頃であった。彼女の大学院時代の指導教員は、サイモン・レヴィンという有名な数理生物学者であり、もちろんクモについての指導は何も受けていなかった。そこで、私は「なぜあんな魅力的な仮説を思いついたのですか?」と聞いたところ、"just watching" という単純明快な返事が返ってきた。私も野外でクモをそれなりに観察していたつもりだったが、そのような深い洞察にはついぞ至らなかった。この人と同じ土俵ではとても勝負できないと感じた瞬間でもあった。

最近、生物多様性という用語が巷にあふれている。私もこの用語の普及に多少なりとも関っていると思う。生物の多様性とはどんなもので、それは我々にとってどんな価値があるのか、それを育む生態系を維持するにはどうしたらよいか、といった話題が多い。環境問題のキーワードとしての地位は、今や確固たるものとなりつつある。だがこの本は、それとはだいぶ毛色が違う。生命に備わっている進化の傾向とは何なのか、多様性はどのようにつくられるのか、それはどこまで偶然でどこまで必然なのか、といった根源的な問いを、糸という類稀なる道具を発達させたクモを通して見ているのである。この本は、フリーランスライターでニューヨーク・タイムズ紙にもしばしば寄稿しているレスリー・ブルネッタがクレイグとともに一般向けに書き下ろしたものである。この二人がどのように連携して本書を書き上げたかはわからないが、緻密な科学者の視点に加え、クモの名前の由来や人間との関わりなどのエピソードも織り込まれている。まじめに読めば進化生物学の入門書として使えるだろうし、気楽に読めば生き物の壮大な歴史ロマンを満喫できる一般書にもなるだろう。自然や生き物に関心ある人はもとより、ちょっとマニアックな世界を覗いてみたいという人にとっても、きっと満足できる内容となっているに違いない。

二〇一三年五月

宮下　直

目次

はじめに

いつでも、どんなところにでもクモの網は見つかる。クモはあらゆるところにいる。姿が見えなくても、一筋の糸、使っていた網、もつれた糸が残っていたりするから、そこにいたことがわかってしまう。クモは四万種以上もいることが確かめられている。動物の中で一番多いのが昆虫、次がダニ類、そして三番目がクモなのだ。四万から十万以上のクモの種が、まだ見つかるはずだと生物学者はみている。クモなら必ず糸をつくる。洞穴から木のてっぺんから水の中まで、およそ想像できる限りのあらゆるところに、それを貼り付けたり、ぶら下げたりしている。

クモの一番の特徴は、なんといっても糸で円網《えんもう》をつくることだ。車輪のような形をした網は、まるで技師がつくったように見える。クモが自分の身体の中でつくりだした材料を使って、美事な網をどうすればつくれるのか、人間は何千年もの間、知りたくてならなかった。織工や土木技師ばかりでなく、詩人やコンピューター・ネットワーク・デザイナーなどのような、ものつくりではない人たちへの影響も大きかった。幾何学的な形の網は、見えるか見えないかというほど繊細でありながら、超強力でくっ付きやすく、ものすごい速さで空中を飛びながらぶつかってくる昆虫を捕まえてしまう。少なくとも四種類の、性質も働きもそれぞれ違う糸を使って、クモは円網をつくる。糸は強いのも、弾力があるのもある。それとは別に、クモが網を張っているときだけ足場にする糸もある。クモのような小さな虫が限られた蓄えでつくり上げるものを真似してつくれないかと科学者と企業家は、何百万ドルも無駄にしてきた。

複雑で、目的にもかなっていて、しかも美しい円網のようなものが、どうすれば、人間が設計したのではなく、遺伝子がたまたま変わったからということでできるのだろうか？ クモの網の場合だけでなく、動物が、環境に適応できる（環境に合わせて生きてゆけるようになる）のは、もっぱら自然選択の結果で、たまたま変化した遺伝子が子孫に受け継がれてゆくようになるからだ。自然選択が進化を進める重要な仕組みで、種は時を経て変わる。遺伝子の変化が積み重なると種の変化が起こる。クモの網は何百万年もかけて少しずつ進化してきた。クモも長い年月をかけて進化してきた。クモとクモの糸は、ほかのあらゆる動物と同じように、適応してきたのだ。

動物がどうして環境に適応してきたかを調べようというとき、クモとその糸を調べるのが、ほかの動物と違って有利なのだ。そのわけは、どのくらいわずかな変化が遺伝子に起こったらその種が進化するのかが、クモの場合は割合と簡単にわかるからだ。遺伝子がどのくらい変化したら身体や臓器の形、生理（命を支える仕組み）、行動が変わって、動物が生き延びるのに役立つようになるのかを理解するのは、生物学の専門家でないと、難しいかもしれない。クモの進化をみることで、自然選択がどのように働くのかを理解しやすくなる。チャールズ・ダーウィンの「変化を伴う継承」（斎藤成也訳）という言葉が、遺伝学からみても、また種というものについても、進化というものをよく言い表しているといると納得できるようになるだろう。進化で常により良い個体ができてくる、あるいは進化は環境に完璧に適応することを狙って起こるという、一部の人が進化についてもっている誤解が、クモのことを知れば、解けると思う。円網は、決して完璧に環境に適応しているわけではなく、なんと、円網をつくるクモよりも後から進化して現れたクモが、お話にならないほどみっともないクモの網をつくっている。

クモは不思議だ。生き残れるかどうかは糸にかかっている。それどころか、糸をつくらなくてはクモとは言えない。クモの科学的定義は、脚の先から牙の付け根にいたるまで、細かい一覧表がある。もっとも目立った特徴は、二つの大事な部分——頭胸部（頭と胸）および腹部——と四対の脚があることだ。頭の前のところに一対の鋏角《きょうかく》（あご）があり、その先端には毒牙が付いている。鋏角と脚の間に一対の触肢と呼ばれる小さな突起があって、食べ物を掴んだり、何かものを動かすのに役立つ（触肢はクモの性生活で一風変わった独特な働きもする）。これらの特徴をすべてもっていても、腹部に出糸突起がなければクモと言うわけにはいかない。

出糸突起はクモの糸をつくる器官が身体の外に出ている部分だ。腹部の中にあるいくつかの絹糸腺が、管を通して糸の濃厚液を出糸突起に送り出す。顕微鏡で見ると、出糸突起は、毛が生えた、とがった乳首のような形をしている。「毛」は、実のところ出糸管で、突起の中にある細い管から糸を押し出す。クモの種類が違うと出糸突起の数は異なる。出糸突起が腹部の真ん中から出ているクモも末端から出ているクモもいる。腹部に出糸突起がある動物はクモしかない。

　クモの糸もクモをユニークな生物にしている。昆虫やそのほか似たような動物で、糸や糸に似た物質を一生の間の何時かつくる動物もいるけれど、雄、雌に限らず、一生涯を通して糸をつくるのはクモしかいない。クモが何万種に分かれていても、糸こそがクモをクモらしくしている。

　それに引き替え昆虫はどうだろうか。昆虫は、百万種もあって、現在生きていて名前がわかっている生物種の半数以上を占めているので、進化にもっとも成功した動物だと評価されることさえある。百万種あるという昆虫に比べたら、クモの四万種は、たいしたことはないようにみえるかもしれない。昆虫が進化に成功したのは、体をさまざまな形に変えられたからだ。口の部分の違いで、それぞれ、肉食動物だったり、草食動物だったり、清掃動物だったり、寄生生物だったりするわけだ。ハエやミツバチには翅があるが、ノミやシラミにはない。シミとセイヨウシミは一生を同じ形のまま過ごす。甲虫とチョウカワトンボやイトトンボなどのトンボは成熟するにつれて少しずつ姿が変わってゆく。甲虫とチョウは形が全く変わってしまう。身体の形や、生き方がさまざまなので、昆虫はこの地球上ほとんどどこにでもいることになる。

　進化という面から考えると、それでは、クモは昆虫に比べて退屈だと思われるかもしれない。クモはすべて捕食者だ。ほかより大きいとか、頑丈なクモもいるが、身体の構造はどれも似たり寄ったりだ。翅のような余計なものをもっているクモはいない。これこそがクモの驚くべきところと言える。この世に現れてから、それほど外見は変わっていないのにもかかわらず、クモは、砂漠から熱帯雨林、谷底から山頂、原始的な荒れ地から家の中にある洗面台の上の戸棚にまでと、あらゆる環境に適応してきた。

クモが、さまざまな環境で生きられるようになったのは、糸があったからなのだ。クモは、進化するにつれて糸の使い道を広げてきた。自分自身や卵を守るために、獲物を見つけて捕まえるために、新しい住み処へ移動するためにと。ある種の糸は糊に、別の糸は防水包装に、また懸垂下降の綱に、柔軟性に優れて衝撃を吸収できる罠の網にと使った。クモが糸をしおり糸あるいは網として使えば、身体の形を変えなくても、エネルギーや感覚や勢力範囲などを拡大できる。強さ、柔軟性、粘着力や糸の見かけを変えると、ノミの跳躍力、ナナフシの擬態、チョウの翅、ガの毒と同じような働きをするものにもなる。

クモには一種類以上の糸をつくるという独特の能力がある。「生きている化石」と言われるクモは、これまでに発見された最古の化石とほとんど同じと言っても良さそうなクモだが、あまりいろいろな種類の糸をつくらない。進化したクモは、いろいろに使える六種類以上の糸をつくる。それぞれ別の種類の器官でつくられ、それぞれの目的に使われる。新しい種類の糸が現れるたびに、決まってクモの種の数の急激な増加がある。新しい糸でクモは、新しい生態的ニッチ（自然界におけるある生物の立ち位置）へと繰り出せる。そこでは、これまでいたクモの種と競合しなくても済む。

糸はタンパク質だ。それはアミノ酸と呼ばれる小さな分子が集まってできているとても複雑な分子だ。アミノ酸の組合せが違っていると、それぞれ固有の性質をもったタンパク質になる。クモの糸タンパク質は、糊のようなものから、付着力はあるけれど粘りつかない「ウール（羊毛）」、クモの体重に十分耐える強さのある繊維、バンジーコードのような強さと柔軟性と、突進してくる昆虫の衝撃を吸収するほどの弾力性を併せもつような撚り糸まで、いろいろある。クモの糸の中には鋼鉄と同じくらい強いもの、ナイロンと同じくらい強くて弾力性のあるものがある。

個々のクモの遺伝子――クモのゲノムＤＮＡの一部分――が、クモの糸タンパク質を始め、その他のタンパク質一つひとつをつくるための「手引き書」となっている。一九九〇年代末の研究から、クモの糸遺伝子は同じ遺伝子ファミリーの一員であることがわかった。それぞれは同じではないが、その違い方から、元々あった遺伝子から、新しい遺伝子ができてきたことがみてとれる。クモの遺伝子が変化したことで、クモが子孫を残せるまで生き残るチャンスが増えたことが、この研究からわかる。クモの遺伝子を見れば、自然選択の働きがあらゆる生物革新の根源となっていることを、遺伝学の面からおぼろげながらでも感じることができる。

動物の遺伝子の変化を、はっきりと、生き延びるチャンスと結びつけられることは滅多にない。遺伝子の変化を確認する科学者の能力は急速に向上しているとはいえ、簡単に観察できるような適応現象の原因が、この遺伝子の変化によるのだと断言するのはまだ難しい。というのは、遺伝子からタンパク質へ、そしてそのタンパク質を生き残り能力へと、因果関係をはっきりさせるのは難しいことが多いからだ。観察しやすい生き残りの仕組み――視力、飛翔力、速力――には非常に複雑なメカニズムが組み合わさっているし、相互関係もある。遺伝子がタンパク質をつくるときの相互作用がよくわ

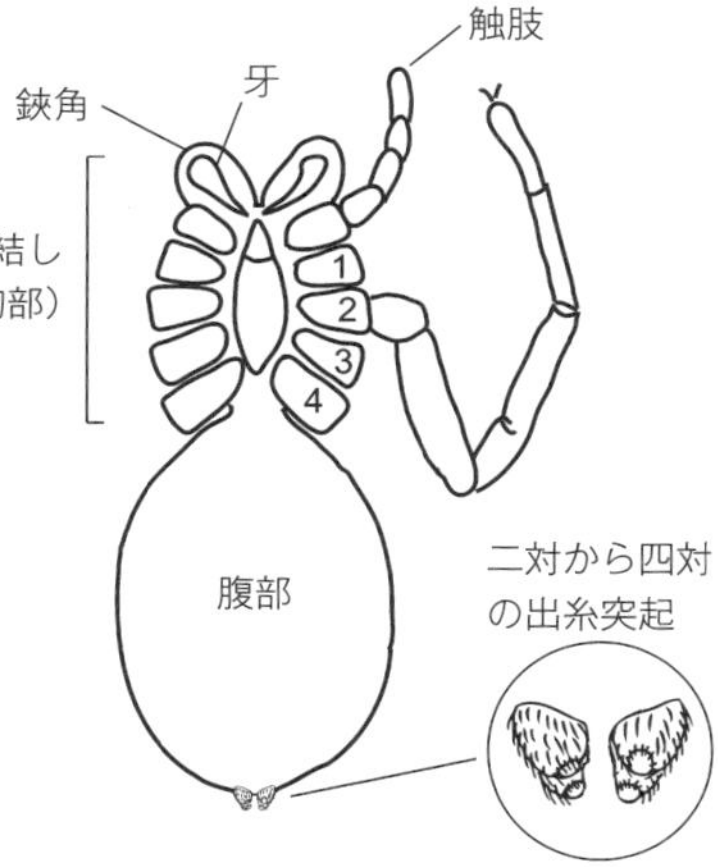

裏側から見たクモ。クモはすべてこの絵のような造作をしている。大きさ、形、位置は種によって異なる。数字は四対の脚を指す（Peter Loftus による作図）

からないだけでなく、関係している遺伝子が全部突き止められないこともある。適応が起こって進化したことは明らかになっている──化石がたくさんあるし、証拠も多い──が、それが遺伝学的にどのように始まり、それがどのようにして続き、進化したのか説明するよい考えは浮かばない。

クモの糸は、だから、自然選択で進化が起こったということを理解する滅多にないチャンスを与えてくれるのだ。クモの場合、新しい遺伝子が古い遺伝子から進化する。例えば、新しい遺伝子が古い糸タンパク質よりも弾力性のある糸タンパク質をつくるようになっている。その結果、網を突き破れる昆虫は少なくなる。クモはもっと獲物を捕まえられるようになる。だから、このクモは長生きして、続く世代に新しい遺伝子を伝えられる。周囲の環境にぴったり合えば、これらの子孫は新しい種となる。新しい遺伝子ができると、それが結局新しい種になることがある。そうして進化が起こる。クモの糸をたどってゆけば、それがどのようにして起こるかをクモは教えてくれる。その糸と、それをつくった自然選択の道筋をたどってみよう。そうすれば、きっと今後は、クモの網を払ってしまうと、後悔で心が痛むに違いない。

謝　辞

この本をつくるのには、長い時間がかかった。その間大勢の方に助けられた。終始変わらぬ協力者、ナンシー・シャピロ、ビル・マクルロイとアル・シャピロは、早めに曖昧なところがないようにしてくれた。彼らとともに、親切な批判者であると同時に支持者となったのは、ケーシー・ブルトン、エリラン・ボラックス、ビリー・ミラーとウェイン・ミラーだ。イーデス・パールマン、故サラ・ウェルニック、故ローラ・ヴァン・ダムは専門家の立場からの助力を惜しみなくしてくれた。スーザン・ラビナーは、いつも良いときに助言してくれた。アイク・ウィリアムズと彼のホープ・デナキャンプのチーム、キャラ・クレンとメリッサ・グレラは、私たちのためにクモの擁護をしてくれた。シンディー・バレンガー、バーバラ・ベックウィス、キム・カング、イーブ・ラプラント、エレン・マイヤー、セシリー・マクミラン、そしてジャネット・スタインは皆すばらしい書き手で、原稿を改良してくれた。特にイーブには、たくさんの行き届いた助言に感謝する。「スパイダー コミュニティー」はいち早く助けてくれて、美しい写真や図を提供し、数字や視点を確かめ、あらゆる雑事をしてくれた。トッド・ブラックレッジ、リチャード・ブラウン、ジョナサン・カディントン、フレデリック・コイル、ジェーソン・ダンロップ、シュテファン・フェイヤーズ、ライナー・フェリックス、ジョアキム・ハウプト、ノーマン・プラトニック、アンジュ・ショルツ、ポール・セルデン、サミュエル・チョッケに感謝。特にジェーソン・ボンド、チャールズ・グリズウォルド、シェリル・ハヤシ、ブレント・オペルには、草稿を読み、より良いものにしてくれことを感謝する。間違えがあったとしたらそれは私たちだけの責任だ。ハーバード大学、中でもゴンザロ・ギルベットには、プロジェクトの継続的なサポートに対して、ロン・クラウスには、的確な忠告に対してお礼を申し上げたい。さらに、ハーバード大学マイヤー図書館のメアリー・シアーズとロニー・ブロードフットには、曖昧な文献や、この本の執筆中に発表された新しい論文を探して下さったことに感謝したい。ナショナル・ジオグラフィック財団、フルブライト財団、ラフォード・スモール・グラント財団の支援で、糸を天然資源保護の手段として使った研究を続けられ、私たちの一人が健康を保て、そのおかげで他のものも健康に過ごせた。イエール大学出版のジーン・トムソン・ブラックは、私たちの意図しているところをすぐ理解して、彼女とそのチーム、中でもジョー・カラミアとスーザン・レイティは最後まで、親切にそしてしとやかに私たちが本を完成させるように計らった。ソーニャ・シャノン、リンジー・ヴァスカフスキーとカレン・スティックラーは、私たちの言葉と画像を、ジョロウグモに喩えたくなるような技能をもって上手く合わせた。さらに、イエール大学の多くのかたが原稿を読んで、重大な点で建設的な批判をしてくださった。

最後に、家族に。両親であるヴェラ・ガードナー、フランク・ブルネッタ、ヴォルニ・ハワード・

クレイグ・ジュニア、そしてアレン・リー・ウィザーズ・クレイグの愛情にいつも感謝する。私たちの言葉、科学、自然に対する興味をはぐくみ、私たちが悩みを抱えているときも常に励ましてくれた。ピーター・ロフタス（常に最初の読者で、図を素早く描いた）そしてボブ・ウェーバーはとても有能でしかも面白い。ジョーン・ブルネッタとイーブ・ロフタスは、二人ともシャーロット（『シャーロットのおくりもの』に出てくるクモのこと）のように本当の友で、よき書き手だ。

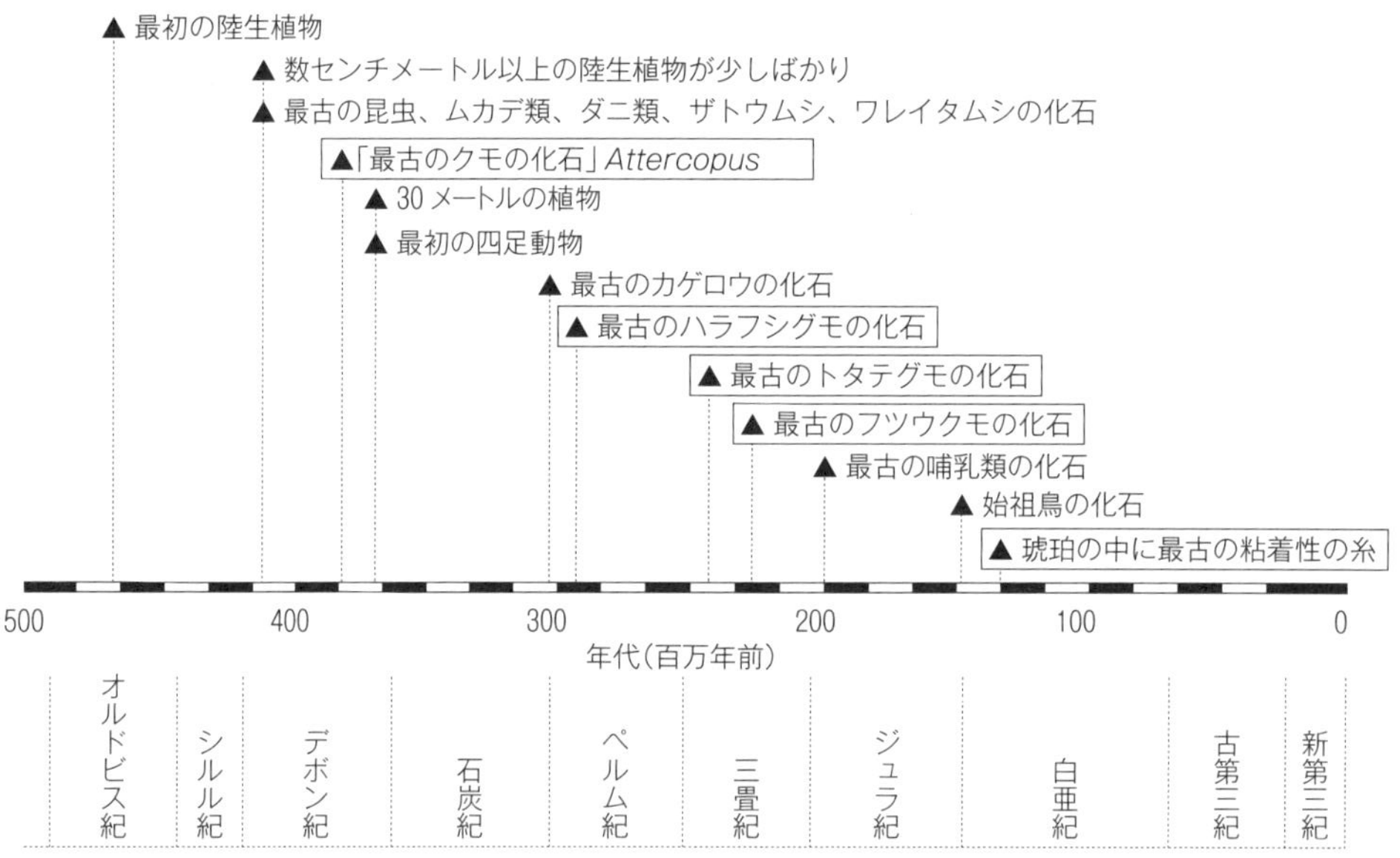

クモ化石記録の歴史年表（Peter Loftus による作図）

第一章　化　石

古代ギリシャの人たちは、クモと人間の祖先は同じで、元はといえばクモはアラクネーという少女だったのではないかと想像した。アラクネーは、目立ちたがりだった。その飛び抜けて見事な紡ぎと織りの技は見る人をうっとりとさせ、彼女がつくりだす、すばらしいタペストリーは、人々を夢中にさせた。どうしたらそのような大胆な色や形を組合せて、込み入った精妙なものをつくりあげることができるのか誰にもわからなかった。女神アテーナーが特別な技能を授けたのだと信ずるしかなかった。アラクネーはこの考えをあざ笑い、彼女の技能は自分で手に入れたものだと自慢し、そればかりか、アテーナーと機織り対決をすれば負かせると高言した。

この挑戦を受けてアテーナーが立ち現れても、アラクネーは前言を撤回せず、女神をひどく怒らせた。それだけでなく、アラクネーは神々の無法な行為や性の誘惑などまでをタペストリーの絵柄として織り込んで、神々を笑いものにして侮辱するという危険なことをしてしまった。彼女はせっせと織り続け、無礼な絵柄を次々と織りだした。どれもこれも、非常に華やかで色彩豊かな織物として。ついに堪忍袋の緒が切れたアテーナーは、アラクネーのタペストリーを引き裂き、アラクネーに面と向かって、彼女が負けだと決めつけた。アラクネーは恥じ入り、縒り糸を梁に投げかけて首を吊った。これを見て、アテーナーは少女を憐れに思い、この世で最初のクモに変えた。死なずに済んだとはいえ、アラクネーとその子孫は、永遠にぶら下がり、紡ぎながら生きなくてはならなくなった。

アラクネーの物語は面白い神話だが、もっと昔に話を戻す。クモたちより前に人間は存在しなかった。クモと考えられる最初の動物は、最初の人間よりも三億五千万年以上前に現れた。しかし、最初のクモは糸でぶら下がることはできなかった。この能力で進化するのに少なくとも一億年かかった。最初に糸をつくったものは、それで網を張れなかったし、ハエを捕まえなかった――そもそも、網をぶら下げられるようなところがほとんどなかったし、捕まえようにもそもそもハエがいなかった。そのうえ、昆虫がぶんぶん飛び回っているというのに、今日でもアラクネーの子孫の中では網を張らないもののほうが多い。

少なくともアラクネーの物語の時代以来、もしかするとそれよりも前から、クモと言われれば、精力的な網の張り方とかハエを捕らえるということを連想するのが普通だった。ところが最初に現われたクモは、ほとんど動かず、ひっそりと生きていた。クモの歴史を見てゆくと、最初に起こった劇的事件は、クモ自身の行動ではなく、やがて彼らが陸上に現れる下準備となった出来事だったことがわかる。その頃のクモは、今日のクモたちが住むようなところとは全く異なった世界に住んでいた。進化生物学者というものは、直接の証拠のない筋書きを考えたがらない。いつ「最初の」クモが出現したかを推測するのは危険だと慎重な態度をとっている。クモの直接の祖先（それがどれかはまだわからない）から、現在クモの定義となっている特徴をもつように少しずつ変化してきた状況証拠として、たくさんの化石があるのだが。

植物や動物と同じように、クモの歴史は海から始まる。クモは節足動物門の仲間だ。クモ以外の節足動物門の仲間には、主なものとして、昆虫、甲殻類、今は絶滅した三葉虫、ウミサソリ、カブトガニ、ウミグモ（ウミグモと言われているが、クモとは全く違う海の生物）などがいる。身体の形の特徴から、節足動物であると定義される。節足動物の胴体は二つの体節に分かれていて、鎧のような外骨格に覆われ、関節のある脚が付いている。

今から五億五千万年前には、海が動物で満ちあふれていたことが、化石からわかる。柔らかくて長くて脚のない虫、ポリプのような生き物、クラゲなど、いろいろな種類がいる。四億五千万年前までに、ヤツメウナギやヌタウナギ、カイメン、サンゴ、それからさまざまな貝類が現れた。それでも、これらの生き物全部を合わせても、当時も今も海に生きている動物の中では一番多い節足動物に、数ではとても敵わなかった。

節足動物の外骨格と関節のある脚が、水の中で生き残ってゆくのに有利に働く。外骨格で構造は堅く、防護器官ともなり天敵から身を守れる。水生節足動物は、岩やサンゴのような凸凹したところでも、関節のある脚で素早く動き回り、方向転換できる。どんな大きさの獲物でも捕まえて、しっかり押さえ続けられる。天敵とも戦える。

四億五千万年以上前には、乾いていることの多い海岸線へと移動し始めた節足動物や水生動物がいる。これは、天敵があまり近づけない、潮の満ち引きのある湿った岸に動物が卵を産めるようになったから始まったのかもしれない（当時も生きていたカブトガニは、今でもそうしている）。水から離れている時間が長いほうが、水生の天敵に殺されずに済んで、生き残って子孫を残せるチャンスが増え、水から離れようとする行動が子孫に授けられた。

天敵の勢力範囲から逃げるというのは、有利な動きのように思われるが、陸には陸の苛酷な危険がある。陸に住むとなると、重力、太陽光線、激しい大気の温度変化から水が守ってくれなくなる。身体の柔らかい部分は、すぐに乾いてしまいかねない。酸素を周りの水から採るのでなく、空気を呼吸しなくてはならなくなった。

ところが、節足動物は海で適応・進化した結果、子孫が陸での生活をうまくやって行けるようにもなっていた。関節のある脚で海底を歩き回っていたので、節足動物は地上も歩き回れた。外骨格は水の浮力がなくても体重を支えられたし、臓器や器官が乾き上がることも防いだ。そのうえ、最初の陸生節足動物は、たいてい小さくて、ほとんど動かなかったので、酸素はあまり要らなかった――今日でも、クモは夜も昼も、ほとんどじっとしている。外骨格に守られた鰓《えら》は、子孫がもっと効率の良い呼吸へと適応できるまでは、水と陸の間の湿気のある地域で生きるのに都合が良かったのだろう。ロブスターはいつもは水中で暮らすが、水で湿らせた紙袋の中で、何時間かは生きていられるではないか。[1]

古代の水生節足動物のうち、どれが結局クモになる系統となっていったのかはわからない。進化生物学者は、生物の身体と行動の特徴をよく調べて、ほかの生物と比べたうえでとりあえず系統を考える。形質に共通点の多い二つの生物は、共通の形質の少ないものよりも関係が近い――共通の祖先が近いだろうとする。近年、異なる生物のＤＮＡとタンパク質がどのくらい似ているか、違っているかを生物学者は知ることができるようになった。このような分析で系統の明らかになったものは多く、一方では、系統の見直しをするのにも役立った。

生きているものも絶滅したものも含めて、クモの特徴はほかの節足動物と結びつく。節足動物門は亜門と綱に分けられている。綱はさらに目に、目はさらに亜目に、亜目は下目に、下目は科に、科は属に分かれ、属は最後に種に分けられる（図１）。クモは鋏角《きょうかく》（あご）をもっているので、六つある節足動物亜門（図２）の中の鋏角亜門とされている。最初のクモは、後から出てきたクモと同じように、鋏角の先に牙が付いている。現在のクモと違って、牙につながる毒腺がなかった――これは科学者が、現存のクモと絶滅したクモの化石の比較検討から導き出した推論である。鋏角類も、触角がないことから定義した。鋏角は、カンブリア紀の水生節足動物の頭にあった大きな付属肢を受け継いだのだろうということが、化石の研究からわかる。付属肢の中には、海の生物のある系統では触角に、鋏角亜門では鋏角に進化した可能性がある。コウモリの翼とヒトの腕は、元は同じ身体の部分だったが、それが変形してきたことが今ではわかっているようなものだ[2]。

身体の特徴をもっと細かく比較して、科学者は鋏角類を四つの綱に分けた。一つはアラクネーに因

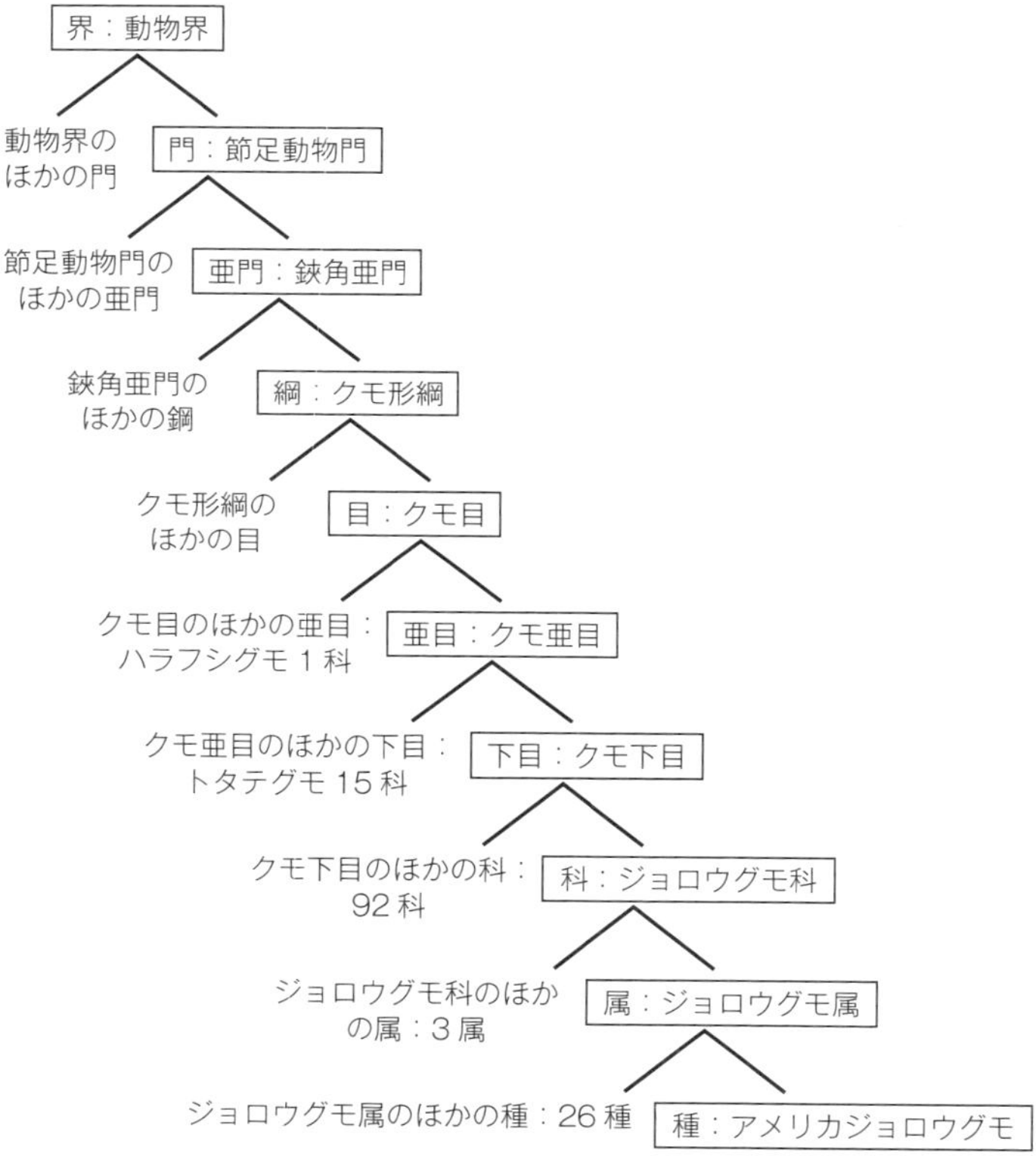

図 1　ジョロウグモの分類学上の階級。四角で囲んだのは、界から属、種、アメリカジョロウグモ（*Nephila clavipes*）までの分類学上の階級を示す（Peter Loftus による作図）

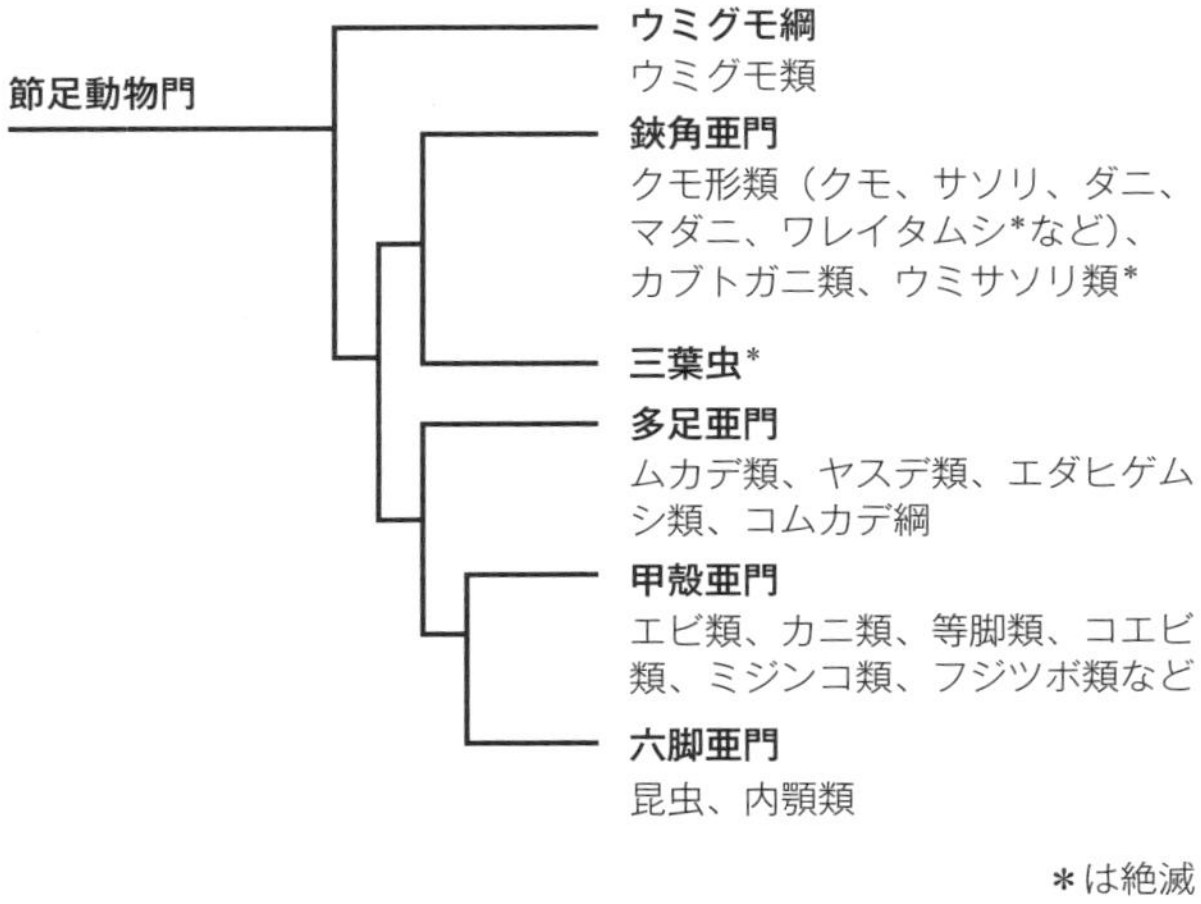

図 2　節足動物の系統発生、または「系統樹」。分類学者は系統発生を解剖学的特徴、DNA の塩基とタンパク質のアミノ酸配列の比較によって推定する。系統樹からは、すべての節足動物には共通の祖先があり、例えば鋏角類と三葉虫は祖先を共有するが、ほかの亜門のどれともそれは同じでないことがわかる（Giribet, Edgecombe, Wheeler による “Arthropod Phylogeny” と G. Girbet および R. Clouse との私信を元にした、Peter Loftus による作図）

んでクモ形綱（Arachnida）と。よく見かけるクモ形綱の特徴は、六本脚の昆虫と違って脚が八本あることだが、ほかの特徴は少しずつ違っている。クモは一般に、この綱の代表的な動物と思われているが、サソリ、カニムシ、ザトウムシ（クモとも間違えられる）は、みんなクモ形綱の仲間なのだ。クツコムシ、ダニ、マダニ、コヨリムシ、サソリモドキ、ヤトイムシ、ウデムシ、ヒヨケムシ（サン・スパイダーとして知られている）も同様に、ワレイタムシと呼ばれるクモそっくりの動物をはじめ、現在は絶滅しているいろいろな動物も、クモ形綱に入る[3]。

四億年前までに、水生節足動物の

祖先から受け継いだ、生き残りに必要な道具を使って、クモ形綱の動物はしっかりした足場を陸に築いた。現在のスコットランドとイングランドで発掘された植物と動物の化石から、当時の光景が、おぼろげながら魔法を使ったように呼び出される。もしそのときその場にいられたら、水の中から、驚くほどお粗末にも色あせた、荒々しい光景を見ることになっただろう。遠くには、黒、褐色、灰色、白といった、地表の下から持ち上がってきた冷えた溶岩、灰、岩石の色しかない景色が見えただろう。樹々や藪、草、花があれば、火打ち石のように硬い峰々は彩を添えられ、荒々しさは少しは和らげられたであろうが——植物はまだなかった。空気と水の動き以外の音は聞こえなかっただろう。哺乳類も、爬虫類も鳥類もまだ、数億年後でなくては、この光景の中には見られなかっただろう。岩と巨礫の露頭の間で、大地は目の粗い礫と砂で覆われていたことだろう。四億年前には、腐敗する植物もなく、排泄物を出す動物もいなかったので、土ができるようなところはほとんどなかった。一方、海からの風が吹き寄せた細菌が積み重なって、それが分解され、土壌の薄い層となったところができた。大地はほとんど、湿地であろうと乾燥地であろうと、生命のない砂漠としか言いようがなかった。[4]

水に近いほど、大地に緑が多くなっただろう。最初の陸生植物は、その数千万年ほど前に海藻から進化して、今から四億年前までには水からある程度離れたところまで広がった。それでもまだ現在の植物ほど構造が発達していなかった。葉もなく、細くて浅い根を頼りに生えていて、丈も数センチメートルしかなかった。[5]

水から這い出してきて、地面に落ちて腐って、植物はほんの少し土になり、上陸した先駆者たちが利用できるものになった。古生物学者は、植物や動物の化石だけでなく、同じ地質学時代のものと推定された巣穴の化石を発見した。新しく出現した陸上動物のどれが穴を掘ったのか、穴が隠れ家として使われたのか、ただ卵を産み付けるのに使ったのか、土の中から食べ物を手に入れたのか、はっきりしなかった。しかし、三葉虫とその他の水生節足動物は海底に穴を掘るし、今日の陸生節足動物は、かなり長い間、地下で生活する。初めは確固たる習性ではなかったとしても、間もなく穴を掘ってそこに住む習性が定着した。丈が短く、葉もない四億年前の植物は、かろうじて太陽熱や有害な紫外線から小さな動物の身を守り、なんとかひからびさせないようにした。それらはとても華奢で、天敵からの隠れ家にはならなかった。小さな陸生節足動物にとって、穴より安全な場所はなかったというのが本当のところなのだろう。(6)

哺乳類、爬虫類、鳥類はまだ現れていなかったが、捕食者はおおいに活動していた。陸上の先駆者の中に、植物の組織を消化する能力を獲得しているものはほとんどいなかった。捕食者でなければ、腐食性生物（腐敗した植物や動物の死骸とか排泄物を食べて生きている生物）であって、捕食者は、ほとんど共食いをする動物だった。節足動物が節足動物を食べるという世界だった。節足動物は、数千万年以上ものあいだ最大多数を誇っていた陸生生物で、外骨格をばりばり噛んでしまうムカデ、ザトウムシ、カニムシ、ワレイタムシなどを警戒するのは当然のことだとしても、仲間の節足動物だからと言っても安心はできなかった。略奪をしようと穴から這い出すのは死にに行くようなものだった。(7)

穴は隠れ家であり、要塞でもあった。日よけともなり、土壁が紫外線を遮り、住人の呼吸器にちょうどよい湿り気を保つ加湿設備ともなる。餌動物を待ち伏せして猟をするための潜伏所でもある。クモの直系の祖先が四億年前に糸（糸タンパク質）をつくれたかどうかはわからない。糸の膜は、湿度を調節するとともに、穴の壁を補強し、隠れ家の機能を高めたはずだ。

このような過酷な環境では、生き残りのために糸は必ずしも必要ではなかっただろう。ワレイタムシ――胴体は二つの部分に分かれ、脚が八本、触肢《しょくし》と先端に牙のある鋏角があってクモに似ている――は、たいていのクモのように、腹部の下側にある袋で二対の書肺を保護している（図3）。これは哺乳類の肺のように膨らませられる気嚢ではなくて、鰓のような構造で、本のページを扇型に広げたように並んでいる組織の中を空気が通り抜ける。ワレイタムシの化石には糸をつくる構造の証拠はないが、化石のコレクションの豊富さから判断すれば、地上にたくさんいて、四億年前から数千万年前までは、もっともありふれた陸生生物の種類だったと言ってもよい。それなのに、二億五千万年前までにワレイタムシは絶滅してしまった。クモはますます増えているのに[8]。

クモの直系の祖先が四億年前に糸をつくっていたのではないとしても、つくり始めたのはそれほど後ではなかった。一九八〇年代の初めに、古生物学者がニューヨーク州北部のギルボアの街の近くを掘っていて、三億八千万年前の細かい粒状の黒色泥岩を削り取った。そこには、たくさんの植物の化石のほかに、何百という節足動物の死骸と、少しだが中には、そっくりそのまま壊れていない動物もあった[9]。

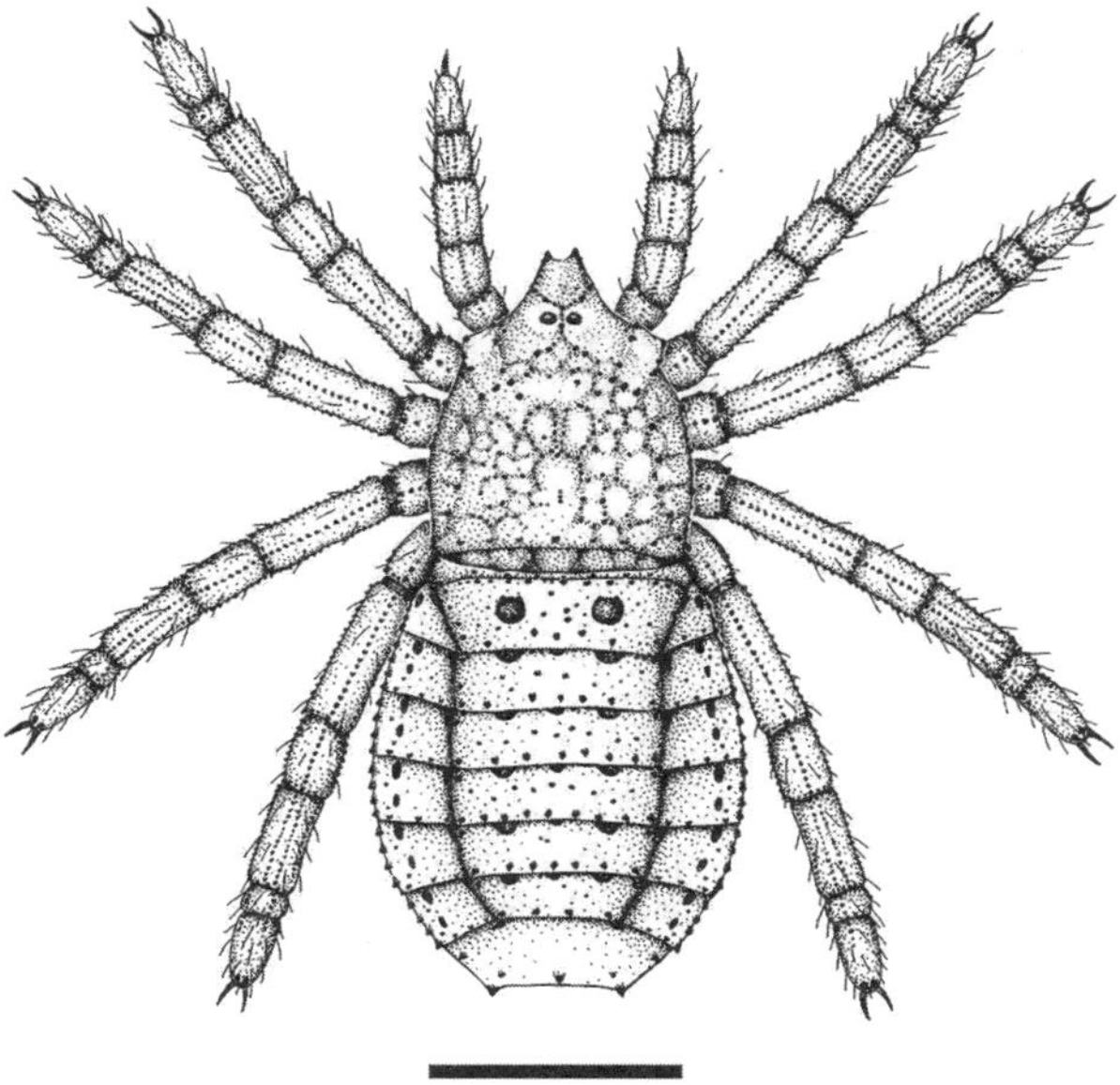

図 3　ワレイタムシ。クモに似ているが糸をつくらない。少なくとも 2 億 5,000 万年前に絶滅した（図解は Fayers, Dunlop, Trewin, “New Early Devonian Trigonotarbit.” に従った Stephen Fayers による作図。Copyright © 2005 Natural History Museum. Cambridge University Press の許可を得て転載）

特に当時の節足動物のように身体が小さい場合、いろいろなものがたくさん含まれている堆積物から、すべての化石を掘り出して入念に標本をつくり吟味するのに、古生物学者は何年もかける。池の底の沈澱層や有機堆積物の中からシカのダニを探し出すことや、沈澱層や有機堆積物の固い塊を酸で溶かして化石を取り出す苦労を想像すればよい（古生物学者にとって、忍耐強さは長所であるというより、必要条件だ）。研究者が例の発掘物の動物種をまだ調べていたところ、一九八八年にな

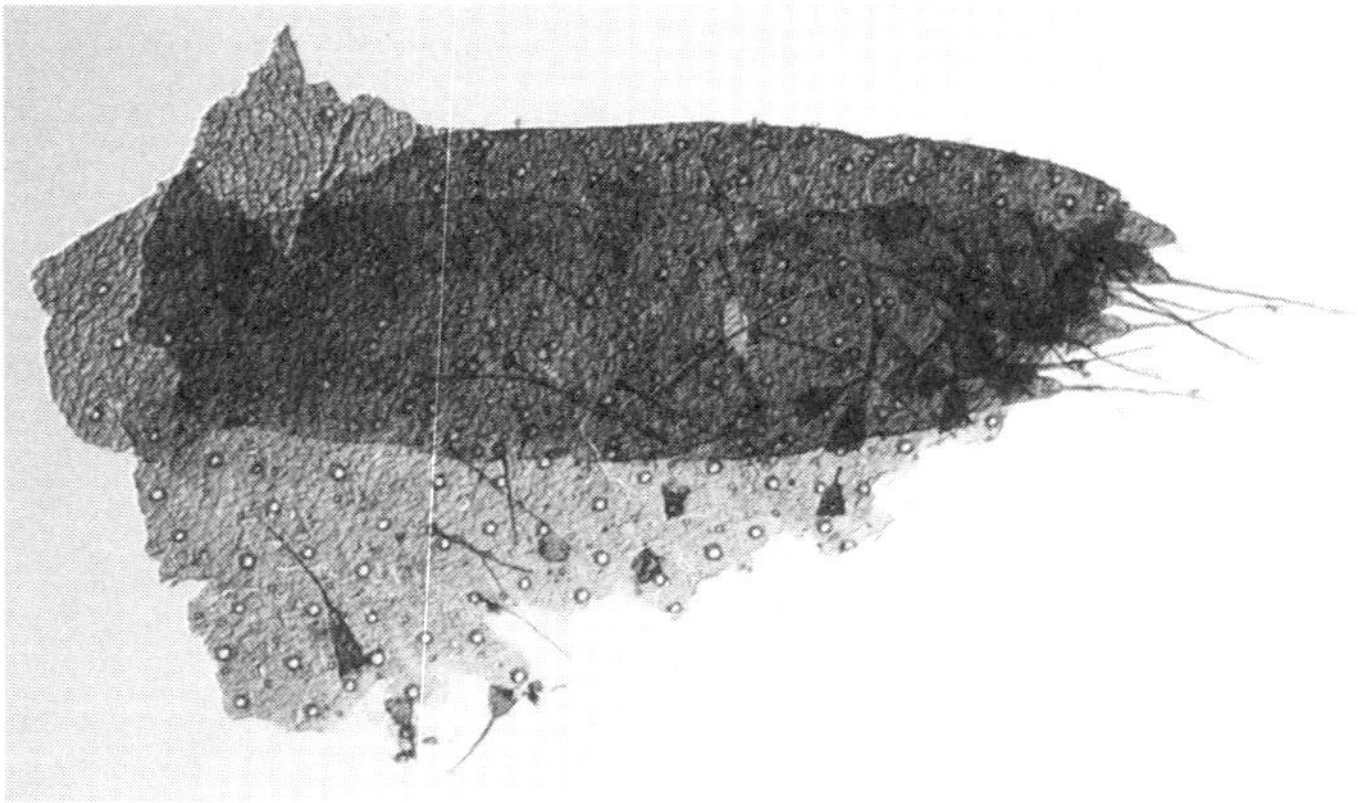

図 4　*Attercopus fimbriunguis* の「出糸突起」の化石。この 3 億 8,000 万年前の化石は、初めはクモの出糸突起だと信じられていたが、科学者は後にクモと近縁な生物の出糸管がついた腹部の板と推定した。先端が「毛」のようになった円錐形の突起が出糸管（顕微鏡写真は Paul A. Selden, University of Kansas による）

って古生物学者は、とても珍しい化石にあたった。クモの化石を見つけるなどとは思ってもいなかった。ギルボアから出た節足動物ほど古い節足動物はまだ見つかったことがなかった。そこにはクモの一ミリメートルにも満たない出糸突起（クモの糸を紡ぎだす体外器官）と認められる節足動物の胴体の破片があった（図4）。出糸突起と一緒に、クモの脚の特徴がはっきりと見られる脚の破片があった。その化石は *Attercopus fimbriunguis* と名付けられた。クモを意味する古代英語の *attercop* が種名になった（*Attercop* は *atter*（「毒」）と *coppa*（「頭」または「コップ、鉢」）を組み合わせている。ちなみに、「クモの巣」(cobweb) は、初めは *copweb* と呼ばれていた)。*fimbriunguis* はラテン語で、「二爪《にそう》」の意味がある。古生物学者によれば、それは最古のクモの化石だ[10]。

腹部にある出糸突起は、クモに独特のものなのだが、突然現れたわけではない。クモのほかの特徴と同じように、出糸突起は水生節足動物の特徴を受け継いだものなのだ。二〇〇〇年代の初めに行われた遺伝学的研究から、書肺と同様に、昔の鰓から進化したことがわかった[11]。最初のクモの腹部にある出糸突起の後ろに絹糸腺がある。絹糸腺でできる糸のタンパク質溶液が、出糸突起の出糸管から押し出されて空気に触れると固まる。腺はだいたい円筒状で、糸のタンパク質を一種類だけつくったと思われる。遺伝学者は出糸突起の起源を突き止めたが、クモ学者はまだ絹糸腺がどのように進化したのかを正確には知らない。腺一般についての知識を基にすれば、クモの絹糸腺の起源は、かなり単純だと思われる。クモの糸は不思議な物質かもしれないが、腺という点では、絹糸腺に特に特殊なことはない。ほとんどの動物に腺はある。ときには――人間の場合のように――数百から数千の腺がある。簡単な腺は、おそらく身体が数層以上の細胞でできている最初の動物とともに進化し始めた。腺は、動物の身体を循環している体液から分子を取り込むように分化した細胞の集団で、加工処理工場のようなものだ。それらの細胞は、分子を濃縮したり、作り替えたりして新しい産物をつくる。これを身体のほかの細胞が使えるように送り出す腺もある――哺乳類の甲状腺がこれにあたる。新たにつくられた物質を廃棄物として捨てる場合もある。軟体動物（貝類）の腎臓にある腺や、魚類、爬虫類、鳥類の鼻の腺がそれだ。毒腺、乳腺、絹糸腺その他は、自身あるいはその子供が生き延びるための新たな物質をつくる。出糸突起が昔の鰓と関係があり、鰓と昔の節足動物の脚に密接な関連があるとしたら、最初の絹糸腺は排泄物を捨てるための腺か、外骨格をつくるためのタンパク質をつくる腺から進化したと言ってもよさそうだ。進化による革新として、全く新しくできた可能性もある。

一番古いクモの糸タンパク質も、さまざまな繊維タンパク質も起源は古かった。さまざまな繊維タンパク質が、動物とともにあちこちにあったようだ。例えば、コラーゲンは、動物細胞を束ねて組織をつくる繊維タンパク質だ。コラーゲンは動物を象徴する特徴的なタンパク質で、もっとも構造が単純な動物にもあるが、植物、菌類、細菌、その他の微生物にはない。

実のところ、昔のクモが繊維タンパク質を身体の外の環境に対して役立てることは、なにも特別なことではない。ほかの動物と比べても、昔のクモのタンパク質の「飛躍的前進」は全く普通のことだ――ダニも、ミツバチも、（若くて無知の）ノミでさえもしたことだ。ダニの中には糸で巣をつくって捕食者を防ぐものもいるし、ミツバチは蝋でできた巣の壁を補強するのに糸を使う。ノミの幼虫は糸の繭をつくる。種々の節足動物について進化的関係を調べている研究者は、種が異なると、異なる繊維タンパク質を身体の異なる部分でそれぞれの目的のためにつくると述べている。糸タンパク質をつくる能力は、独立にさまざまな節足動物の系統で繰り返し進化したと、彼らは確信している。昆虫の場合のように、ある系統である能力が出現したかと思うと、消失し、また出現したりする。

Attercopus（分類学上は所属不明、最古のクモと考えられていた）は糸をつくった。ところが、古生物学者の最初の報告に反して、*Attercopus* はクモではなかった。一九九〇年代半ばに、ギルボアから八キロ離れたサウスマウンテンの発掘現場で、古生物学者は、少なくとも三体の *Attercopus* 個体の一

部の、やや新しい化石を掘り出した。標本づくり、目録作成、試料の吟味と解釈がその後の十年にわたって行われた。三対の牙のある鋏角、さまざまな脚の断片、出糸管の付いた外骨格のかけらが見つかった。どう見ても長い繊維が、束になって出糸管の端から出ていたのには驚かされた。この発見があったので、古いほうの *Attercopus* の化石との比較が急遽行われ、再評価されることになった。

節足動物の化石の解釈はいつもむずかしい。紙より薄いこともあるので、顕微鏡でなくては細かいところが見えない。節足動物は柔らかい組織が外骨格の硬い組織に覆われてできている。硬い組織だけが化石になる。柔らかい組織は化石になる前に腐ってしまうので、硬い組織が縮んだり、折り重なってしまったり、さらに泥や土の重みで押しつぶされたりすることが多い。そのうえ、化石の節足動物は、なんと言っても小さいし、少ししかないことや、かけらだけのことが多い。生きている節足動物の身体の本当の形を化石の破片から考えだそうとするとき、外骨格の厚く見えるところは本当に厚い外骨格なのか、薄い層が二層、三層と重なり合ったのかを決めなくてはならない羽目になる。

二〇〇八年になって、研究者は驚くような結論に至った。古いほうの *Attercopus* の化石に残っている構造が出糸突起だと認めることは道理にかなう——その構造にはクモの出糸突起のような出糸管があり、クモの出糸突起のような形で、しかも脚ばかりか、もっと細かい部分もクモに似ている動物から受け継がれたものだった。しかし、新しいほうの *Attercopus* の化石には、出糸突起の上ではなく、外骨格の腹部の背板の上に出糸管があるように見えた。その後、古いほうの *Attercopus* の化石の出糸突起を改めて見直したとき、出糸管のように見えたものは、出糸管の付いている板がたたまれてできたものかもしれないと研究者は気付いた。シミュレーションをしてみて、彼らは、新しいほうの *Attercopus* と同じ形になることを認めた。古いほうの *Attercopus* の「出糸突起」の端にある出糸管の集まりは、新しいほうの *Attercopus* の背板の一方の端に二列に並んだ出糸管と一致した[12]。

出糸突起がなければ、定義からすると、*Attercopus* をクモと呼ぶわけにはいかない。それは現在のクモの祖先なのかもしれない。そうでなかったとしても、共通の祖先がかなり近かったことは確からしい。糸の出糸管があって、糸をつくっていたのだから、この動物は、三億八千万年前に生きていたことがわかっているほかのどの動物とも異なっていた。化石の記録が、古代の節足動物の存在比率を正しく表すものならば、*Attercopus* の数は、ワレイタムシほどではなかった。何百万年もの間ワレイタムシは糸なしで繁栄した。*Attercopus* は、糸をもっていたが、糸があったからといっても、生き残りが保証されはしなかった。*Attercopus* もワレイタムシも、ともにとっくに絶滅してしまった。それでも、その後に出てきたクモのように、*Attercopus* は、節足動物であふれて肉食動物のいる海から、急速に変化している陸上へと移動する間に、実地試験済みの生き残り道具としての身体部分を子孫に伝えた（植物の丈が数センチメートル程度しかなかった四億年前から、三億八千万年前までの間の比較的短い期間に現在のギルボア近くで化石の *Attercopus* が死んだとき、周囲には高さが三メートルにもなる植物があって、植物はどんどん大きくなり形を変え、動物の進化におおいに影響を与えた）。

クモは、クモ形類の生き残り道具一式を、ワレイタムシや *Attercopus* と共有している。糸も *Attercopus* と同じものだ。だが、この二つの近縁者と違って、クモは世界中に広がった。早い時期に出糸突起で違いが生まれのだろう。化石から、クモの祖先の身体のつくりについてわかることは多い。生きている化石から、最初のクモがどのようにしてその身体の構造を使っていたかがわかるはずだ。

第二章　生きている化石

オランダの昆虫学者ヨェルゲン・マティアス・クリスチャン・シオットは一八四九年に、たくさんの標本を調べた。それらは、当時、イギリス東インド商会の支配下にあったマレー半島北西岸のペナン島で動物を採集していた収集家から送られてきたものだった。当時、利害関係をもつ入植者、あるいは職業的収集家が、アジアやアフリカにあるヨーロッパの植民地から標本を集めてヨーロッパに持ち帰ったり送ったりして、西洋自然史博物館に膨大な「異国の」コレクションをつくりあげていた。シオットを始め動物学者がそういう博物館と提携して、そこに集められた生物についての説明や分類に精を出し、その結果を専門誌に発表し、雑誌は世界中の図書館や個人購読者宛に送られた。イギリス、ヨーロッパ、アメリカの生物学者は、シオットが博識で厳密な自然史家であると知るようになった。チャールズ・ダーウィンは後に『種の起原』の中で彼の洞窟に住む昆虫についての仕事を引用している。

あるクモが特にシオットの注意を引いた。そのクモは、ほかの標本同様に、捕まえられたときの状態をかろうじて保っていた。シオットが見たときには、「乾燥状態で、腹部の下側で真二つに切り開けられ、中身を取り出した後、綿を詰められてから、アルコールに漬けられて」いた[1]。それでもシオットには、そのクモが今までに見たどれとも違うことがすぐにわかった。これまでに調べたクモは全て腹部がなめらかだった。そのクモの腹部には節《ふし》があった。

二億九千万年前——化石となった *Attercopus* の死後約一億年後——陸のかなりの部分を丈の高い木々の森が覆っていた。丈の高い植物の進化が、昆虫とクモの進化にとって非常に重要な数多くの変化を引き起こした。もっとも重要なのは、土に覆われた陸は、もはや二次元でなく三次元の空間になったことだ。背の高い植物のおかげで、動物が水平方向だけにではなく、上のほうにでも下にでも生きてゆく可能性ができた。丈の高い植物のどれもが、小さな節足動物が使える生活空間をおおいに増やした[2]。

植物の変化に便乗して、昆虫は多様化し、その数も増えた。クモ、ヤスデ、ムカデのように、かつては地面を独占していた昆虫は、あるものは捕食者となり、またあるものは、動物の排泄物や死骸、微生物によって前処理された腐った植物など、消化しやすいような物を食べるようになった。腐った植物を食べて、昆虫は微生物を消化管に取り込んだ。こうして微生物と昆虫との間に共生関係が生まれ、昆虫は、タンパク質が少なくセルロースの多い植物を動物向きに加工処理する能力を獲得した。次には、健康な生の植物部分を食べる能力が備わっていった。食道楽という貴重な発見に味を占めるとすぐ、昆虫は登り、飛び跳ね、飛翔し始めた。甲虫、コオロギ、ゴキブリなど、飛翔昆虫が急に増

えた。一方で、魚から進化した四つ足の両生類が、食べ物を探して、水際からだんだん遠くへ遠くへとうろつき始めた。(3)

昆虫が、森の地面より上の世界を探検し始めても、クモはしっかりと下のほうにとどまり続けた。それがわかるのは、現存する系列の中で最古のクモであるハラフシグモの仲間が、二億九千万年前に、現在はフランスの一部となっている土地で死んで、その死骸が後に化石となったからだ。ハラフシグモ類から、最古のクモがどのように生きていたかを、これまででもっともよくうかがい知ることができる。(4)

シオットが一八四九年に記載した、*Liphistius desultor* と名付けたマレーシアのクモが西欧科学界で知られた最初のハラフシグモとなったが、クモ学者たちは数十年後までハラフシグモという言葉をつくりださなかった。節に分かれた腹部が独特だというのに、クモ学者はタランチュラ（トリクイグモ）の近縁種だと信じていた。しかしその後、一八九二年に、さらに二、三種が目録に載せられ、イギリスの著名なクモ学者レジナルド・イネス・ポーコックが「*Liphistius* に分類上のより大きな価値を与え、すべての知られているクモとは分けて、それを別格として扱うよい根拠」を与える論文を書いた。この「よい根拠」とは、クモの一風変わった身体の形のことを指していた。前半身はほかのクモ類と似ているが、腹部のほうは、背板と呼ばれるものが先端に並んでいてほかのクモとは違い、多くの体節が分かれている節足動物と明らかに関連がある（図5）。クモの解剖と内部の分節の観察から、クモ学者の中には、以前から最初のクモあるいはその直近の祖先は、外見上も同じように分節していた

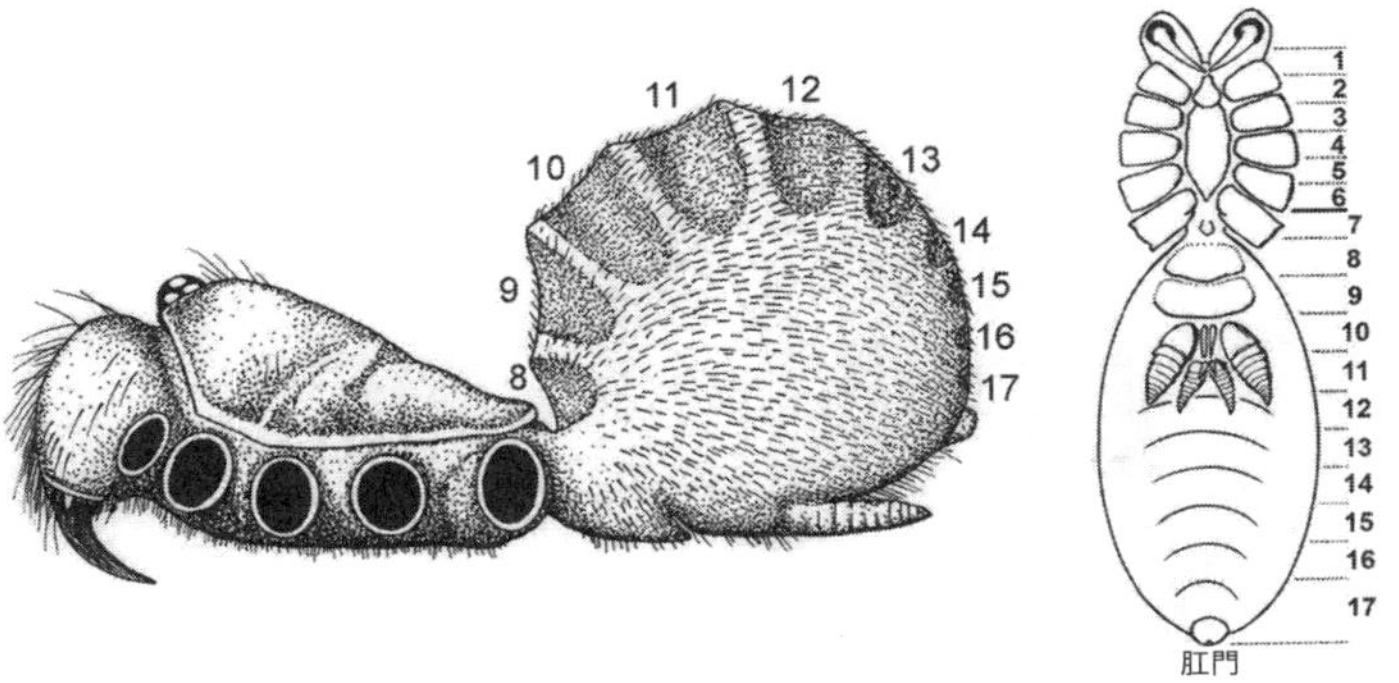

図 5　ハラフシグモの解剖学的構造。腹部先端にある背板と腹部中央部にある出糸突起の位置に注目。数字は体節を示す（Foelix, *Biology of Spiders*, p. 31, figs. 29a および 29b, after Millot, "Ordre des Aranéides." より Oxford University Press, Inc. の許可を得て転載）

という仮説を立てた人もいる。*Liphistius* の標本が、おそらくそれが正しいという物的証拠となった。当時見つかっていたクモの出糸突起はすべて腹部の後ろから突き出ていた。シオットは、彼のアルコール漬けの *Liphistius* には出糸突起を見つけることができなかった。それより新しい標本は、クモが出糸突起を発達させていたことを示していた――実際、四対を完全にもっていることもあった（シオットの収集家はクモの腹部を切り裂き、詰め物をするとき壊してしまったのではないだろうか）。ポーコックは、出糸突起が、ほかのクモのどれとも違って腹部の下側の真ん中（*meso*–）から突き出ているのを理由に、*Mesothelae*（ハラフシグモ）という名称を与え、属名を *Liphistius* とすることを提案した（*thele* はギリシャ語の「teat」（乳頭）からきて、出糸突起の形に関連している）[5]。

　分類学者は、生きているのも絶滅しているのも含め、すべてのクモをクモ目（Araneae）と定めた

(Araneae は、ラテン語の「spider」である)。分析と論争ののち、クモ学者は、現存のクモは二つの亜目、Mesothelae（ハラフシグモ亜目、ハラフシグモ科のみ含む）と Opisthothelae（クモ亜目、「posterior teat」、その他のクモすべてを含む）に分類されると考えている。クモ亜目は二つの下目 Mygalomorphae（トタテグモ下目、タランチュラとその近縁の仲間）と Araenomorphae（クモ下目または「フツウクモ類」、すなわち私たちがもっともよく知っている糸を紡ぐクモ）からなる。ハラフシグモ亜目とクモ亜目は共通の祖先をもつ。トタテグモ下目とクモ下目はもっと近い共通の祖先をもっている。

ハラフシグモ類は、フランスで二億九千万年前に発見された化石のハラフシグモとほとんど同じものが多いため、「生きている化石」とみなされている。「生きている化石」とは、ダーウィンが発明した用語だが、それを好まない生物学者が多い。「原始的」——これもほとんど使われていない——と同じ響きをもつ。両方とも、その言葉から、まるでその生物が進化から取り残され、いわゆる進化した生物より劣っている生物というイメージを抱かせる。ほかの生きている化石には、イチョウの樹、カモノハシ、シーラカンスなどがある。これらは全て、進化の歴史上早くに現れた特徴を、実質上変化させず今日までもち続けている。少しも「劣って」いない彼らは、何千万年以上、ときには——ハラフシグモの場合のように——数億年の間に環境に起こった大きな変化によって試されてきた。そして、独創的な特徴ほとんどそのままに生き残ってきた。

ハラフシグモは本質的に変わっていないので、彼らの行動も多分最初のクモと似ていると思われ、陸上での昔の生活を推察できそうだ。当時の糸タンパク質と遺伝子進化についても、いろいろ推察する手がかりが得られるだろう。しかし、研究には困難も多く、ハラフシグモを研究するクモ学者は少ない。現在、ハラフシグモ類は、中国、ベトナム、日本、マレーシア、スマトラ、タイ、ミャンマーにしかいないし、見つけるのも難しいことが多い——ある種の雄は捕まえられたことすらない。彼らの糸タンパク質に商業的重要性がないので研究費も乏しい。発育が遅く、成熟するまでに何年もかかる。全生活環を観察しようとする研究者はとても忍耐力がいる。それでも、ハラフシグモについてわかっているほんの少しのことから、三億年以上にわたって環境変化の危難に逢いながらも、どのようにしてクモが糸を使って生き残れたのかという肝心な疑問が明らかになっている。

ハラフシグモは湿った土の中に巣穴を掘る。日陰の川岸や斜面が好きだ。鋏角と触肢で土を掻き出し、地下へとトンネルを掘り進み、壁や天井に身体を押しつけながら土を固め、ぼろぼろに崩れないようにする。クモの出糸突起の端から端までらせん状に走っている筋肉が敏捷に動く。腹部の真ん中にあって扱いにくそうに見えるが、出糸突起は細い指のように前に伸びて、素早く穴の内側に薄い糸を張り巡らすことができる。

クモは次に、近くの土やゴミくずを穴の入り口まで引っ張ってきて、片開きの扉をつくる。脚と鋏角、触肢、出糸突起の総がかりで、穴のドア枠に糸タンパク質を使って扉を糊付けする。土とゴミの糊付けを穴の入り口まで続けて、自在扉をつくり上げる（図6）。クモは、材料をドア枠にではなく、直前に付けたところへつけ足してゆくので、ドア枠の上端の糸タンパク質が扉全体の蝶番になる。こ

図 6　穴の口にいるハラフシグモ。クモの腹部にある背板（上部にあるヒダのような部分）に注目。ハラフシグモは穴の内張と扉を糸でつくり、しおり糸を穴の口から外へ伸ばす（Haupt, “Mesothele” より）

の仕掛けは周りにある土やゴミでできているので、扉の効果的なカムフラージュとなり、穴を隠すことになる。糸タンパク質の薄いシートで内部と扉の内側を覆って、穴は完成する。糸を材料にした落とし戸の利益は計り知れない。その蔭に潜めば、捕食者も餌からも身を隠せるし、地下と地上の大気の間に膜を張ることで、穴の中の湿度を適度にし、短時間なら洪水さえも防げる。

ハラフシグモの卵を守るのにも糸は重要な役目を果たす。母親ハラフシグモは、糸で穴の奥にシートをつくり、その上に卵（種によって三十から三百以上の数の）を産んで、それにもう一枚の糸のシートを被せる。

ハラフシグモはほとんど完全に夜行性だ。植物が小さくて、節足動物を太陽光線から守れなかったころの習慣が続いてきているのだろう。夜のとばりが落ちると、ハラフシグモは夕食となる小さな昆虫を待ち伏せる。弱まってゆく光に対して本能的に反応し、クモは落とし戸を少しだけ開けて扉枠の下の縁の辺りに脚を置く。ほかの脚で地面の震動を感じて、近くを動くものの正確な位置を測り、ハラフシグモは飛びかかろうと身構える。一方では、クモは落とし戸をさっと閉じて、中からしっかり押さえられるから、扉が、ハラフシグモをメニューに加えたいと舌なめずりしている捕食者から身を守ることになる。

クモは穴の縁を少し越えた辺りの動きを感知すると突進する。後から進化してきたクモと違って、ハラフシグモは餌を縛り付けて動かないようにできるほど強い糸も毒を盛る毒腺も持ち合わせていなかった。触肢でしっかり捕まえて、果敢にばりばりとかみ砕くしかなかった。

ハラフシグモはどれも互いによく似ていたので、分類学者——生物を分類し、進化と類縁関係を調べる研究者——は、それを一つの科、Liphisiidae（ハラフシグモ科）に入れてしまった。しかしハラフシグモの狩りの仕方は二通りある。ある種のハラフシグモは、餌を捕まえるとき少なくとも一本の足を扉に残す。しかし、別の種は、扉のすぐ近くから糸を伸ばして狩り場を広げる。扉枠から数センチメートルのところまで広がる六本から八本のしおり糸で受信糸をつくる。しおり糸は、一見、太くて粗い縫い糸のように見える。走査電子顕微鏡で見ると、不規則に緩く巻いている縄に似ている。それが巻き方の緩い「軸」に支えられて地面から離れている。空中に浮いているので、受信糸はドア枠に置いたクモの脚に絶え間なく振動を伝える。通りかかる餌が糸にあたると、クモはどの方向へ突撃するべきかが正確にわかる。糸に沿って急行して、不意打ちされた犠牲者を捕まえる。それから反対向きに引っ込んで落とし戸を裏返して開け、大急ぎで中に入り、安全な穴の中で食事にありつく。

今までのところ、クモ学者は、約九十種のハラフシグモを記載した。新しい種の分類は、クモに独特の交配の仕組みに基づくことが多い。雄のクモが成熟すると、生殖球（脚の変化したもの）を二本の触肢（歩脚肢の前にある脚に似た付属肢）のそれぞれに発達させる。この器官を雌の身体に精子を送り込むのに使う。このようにして雄としての準備がひそかに始まる。交尾に備えて、雄は小石など穴の外にあるものの間に小さな糸の帯を掛ける。次に、この「精網」の下へ腹を上に向けてすり足で入り込み、膝節（クモの肘と膝に相当）で体を引きずって行く。下を通るときに生殖器から精子を糸の上に預ける。それから、普通の姿勢に戻って、生殖球の中に精子を吸い取る。器官に精子を詰め込むと、雌を探しに這い出す。生殖球の形は、くちばしのようにとがっているものから、エンゼルフィッシュの尻尾の突起のようなもの、丸く膨らんだ豆莢のようなもの、そしてそれらの中間のような形のものなど、種によって非常に異なっていることが顕微鏡でわかる。ほかの外観よりも、とりわけ雄の生殖球と雌の結合に用いられる器官の形が、クモの分類での決め手となっている。クモ分類学者は生殖器に固執しているようにみえるが、それは彼らの落ち度ではない。クモがほかに選択の自由を残していないからだ。

短い興奮状態の期間以外は、ハラフシグモの生活はどちらかというと単調になる。ハラフシグモは家で食事をし、家に居続ける。昼も夜も穴に身を潜め、狩りのとき、交尾の相手を見つけるとき、穴が攻撃されて防衛のために大急ぎで行動するときだけ突進してゆく。生涯ほとんど全く動かず、ほとんどエネルギーを使わず酸素も消費しない⑹。

ハラフシグモの行動を観察していると、四億年前、原始の陸生節足動物が生きていたときよりも植物の背が高くなることは決してなかったかもしれないし、昆虫が飛ぶように進化するようなことはなかったのではないかと想像してしまいそうだ。陸上のハラフシグモにとって、二メートル離れた世界、一センチメートル上の空中には、なんの魅力もない。それなのに、糸の内張のある穴は、大昔に進化してから今に至るまで、翅のある捕食者や、四つ足で歩く捕食者のような、あらゆる新しい危険から彼らを守った。実質上変わらず生き残っただけでなく、繁栄し、九十種にまでも多様化した。

過去二億九千万年にわたって地球に起こった変化に耐えて生き延びた生物はほとんどいない。環境が急激に変わると、生物は生き残るために同じように急激に進化させられるというのは、進化についてのよくある誤解だ。化石の記録によれば、ハラフシグモはほとんど進化していない。過去にあったままの形にできていて、糸もほとんど変わっていないように見える。そう考えると、クモの糸の物語は、円網《えんもう》とは似ても似つかないハラフシグモの段階でお終いとなっていたかもしれない。しかしその後、クモとその糸の系統は、様々な異なる方向へと進化した。なぜ？　そしてどのようにして？

第三章　偶然と変化

ハラフシグモは、科学者に難問を持ちかけた。クモ学者は、最初のクモは一種類の腺から一種類の糸をつくるという仮説を立てている。ところがハラフシグモ種の中には、三種類の腺をもっていて、それぞれが異なった種類の糸タンパク質をつくりだし、三つの腺は別々のところにあるという種がある。四種類の絹糸腺をもつハラフシグモ種もある。これらの腺もやはり、別々の場所にあって異なる糸タンパク質をつくる。それなのに、まるで一種類の糸しかつくらない初期のクモと同じように、ハラフシグモは行動する。ハラフシグモより後に出現したクモは、ある腺からの糸は卵を包むのに使い、もう一つの腺からの糸は網をつくるのに使い、等々と、糸を使い分けている。しかしハラフシグモは、糸を単独の腺あるいはいろいろな腺からの糸を区別せずに混ぜて、穴の内張に、扉の蝶番に、しおり糸を伸ばすのに、卵の保護に、精網をつくるのに使う。たった一種類しか必要がないように思われるのに、なぜハラフシグモは、そんなにたくさんの異なった糸タンパク質を進化させたのだろうか？(1)

生物学者でなければ、ハラフシグモの進化の謎に、別の見方をするかもしれない。ハラフシグモは、およそ九十種もいるのに、基本的には皆似ている。同じようにして捕まえた同じような餌を食べ、似たり寄ったりの戦術を使って同じような捕食者を避ける。それなら、なぜそんなに種が多いのか？

このような疑問が二人の研究者を駆り立てた。二人とも、もう一人の進捗状況をよく知らずに、進化についての同じ理論を提出した。それは現存生物と化石の研究に対するこれまでのすべての提案をひっくり返すものだった。一八五八年、アルフレッド・ラッセル・ウォレスは未婚の三十五歳で、ほとんど独学で測量技師、地図作製者、土木技師、博物学者（自然史学者）の資格を得て、四年から八年をかけたと思われるマレー群島を巡る探険に出かけた。その前の四年間は、アマゾン川流域で、自分の研究とイギリスで売るためとに、植物や動物を収集したが、本国行きの船が火災を起こし、ほとんどがなくなってしまった。一八五八年までですでに何年も、ウォレスは、なぜよく似た動物で異なった種が出てくるのかを説明できる手がかりを探していて、自分の航海と考えを詳しく書いた論文を発表していた。

同じ年、チャールズ・ダーウィンは四十九歳の幸せな夫であり父親として、イギリスの田舎の大きな家に暮らしていた。すでに博物学者としての卓越した経歴をもっていて、広く読まれた学術論文の著者でもあった。ウォレスと違ってダーウィンは、常に金銭的にも、名声という点でも有利な立場にあり、はなばなしい上流社会、知的な家柄という背景につきものの職業上の人間関係があった。彼も、自然現象の探険に数年を費やしており、イギリス海軍が南アメリカ海岸実地踏査のために派遣したビーグル号に乗った無給の博物学者として、旅の詳しい話を書き、それがベストセラーとなって世界的にも有名となっていた。ウォレスはこの本やダーウィンのほかの著書を読んでおり、ほかの科学者の研究や彼自身の仕事と観察に加えて、これらが、どのようにして種が互いに異なるようになったのかについての彼の考えを形づくるのに役立った。今でも研究者の間で普通にすることだが、ウォレスとダーウィンは少なくとも一八五六年以来、考えや発見について互いに手紙を送り合った。

六月、ダーウィンに『変種がもとのタイプから無限に遠ざかる傾向について』（江上生子訳）という表題の論文がウォレスから郵送されてきた。なぜ、どのようにして種が互いに多様化したかというウォレスの仮説のあらましが書かれていて、それをダーウィンの友人で、当時の第一流の地質学者チャールズ・ライエル卿に転送することを頼んできた。ダーウィンは、ほぼ二十年あまり、同じ主題について研究し、手紙を書きもしてきたが、発見についてあまり人と議論したこともなければ、その表題で明確な著作を発表したことがなかった。ウォレスが彼と同じ結論に到達したことに気付くと、まず屈辱を感じ、次に彼の研究は無駄になったかと悩んだ。彼はそのようにライエルに手紙を書いたが、論文が出版されるとウォレスがその理論に最初に達したと思われ、彼の研究すべての影を薄くすることを気に掛けて、ウォレスに対して推薦の言葉を書きたいとライエルに伝えた。ライエルと、ダーウィンのもっとも親しい友人でもっとも著名な植物学者のジョゼフ・フッカーは、折衷案を申し出、ダーウィンの同意を得た。そして、彼らはウォレスの論文とダーウィンの著作の抄録との両方を、一八五八年七月、ロンドンのリンネ協会に提出した。ダーウィンは急ぎ彼自身の研究の要約を完成させ、一八五九年、『種の起原について』*として出版した。

ダーウィンは、ウォレスが自分より少ない情報と短い間に別々に進化に対する独自の洞察に至ったことを認めた。以後ずっと、彼は公私ともにウォレスを進化理論の共著者と認めた。しかし、ウォレスの簡潔な論文は、証拠となる実例を積み重ねる、ダーウィンの『種の起原』の影響力の好敵手とはならなかった。歴史書でなければ、一般的には、ウォレスとダーウィンの理論は「ダーウィニズム」として知られている。

ダーウィンとウォレスが進化という概念を初めてつくりだしたわけではない。古代ギリシャ人は、一つの種が一つまたは多数のほかの種に変わることを認めていた。その後、ダーウィンの祖父エラズマス・ダーウィンとジャン・バティスト・ラマルクは、ダーウィンとウォレスの論文がリンネ協会に発表される数十年前に、この議論を呼ぶような見解を発表している。ダーウィンとウォレスの画期的成功は、進化のメカニズムを説明したことだ。彼らは「どのようにして」種が変化し、多様化しうるのかを明らかにした。ウォレスはこの過程に名前をつけなかった。ダーウィンはこれを自然選択と呼んだ。(2)

ここに自然選択説の概略を簡単に述べる。

＊ *On the Origin of Species by Means of Natural Selection, or the Preservation of Favoured Races in the Struggle for Life*

1. 一つの種の中で、個体はそれぞれ異なる。環境条件によって、あるものがほかのものより有利になるということが、よくある。環境条件とは、限られた食料供給、捕食者、寄生生物、気候などである。
2. 長生きして、健康で、たびたび繁殖するか、子供たちに資源を多く用意できる有利な個体は、そうでない個体よりも多く子孫を残せる。
3. 形質は両親から子孫に受け継がれ、有利な個体ほど子供をたくさん残すので、有利な形質は、あまり有利でない形質より、続く世代に伝えられてゆくチャンスが大きい。

何千という観察や実験によって、この説は確認されてきた。この説は、環境による圧力が持続的に長い間加えられることが、種の進化に大きな影響を与えると仮定している。個体も種も、進化しようなどと自らは思ってもいない。生き残るために進化するわけではない。その反対なのだ。特定の個体が生き残って、繁殖に成功する。彼らはすでに特定の環境の中で役立つような形質をもっているからなのだ。そのうちに、その種全体としてそのような個体が生き残りやすいようになる。自然選択の結果、種の中の個体の特徴を変化させ——長い間に一つの特質を失い、ほかの特質を獲得するということがありうる。例えば、三種類の絹糸腺をもっているクモが四種類の絹糸腺をもつクモに取って代わられる（そうなると人間は、四絹糸腺の個体を新しい種と定義する）。自然選択で、種が二つあるいはそれ以上の種に分かれるということがあるかもしれない。その際、四種類の絹糸腺をもつクモ群が増え始める一方で、三種類の絹糸腺をもつクモが元からいる種として数のうえで優位を占めているかもしれない。あるいは自然選択の結果、ある種が目立って変わらずに、長い間残っているということもありうる。その場合、新しい四絹糸腺のクモが子孫を残す前に死んで、新しい四絹糸腺も消滅することになる。(3)

ダーウィンとウォレスの説は、提出された当初議論を呼んだが、科学者の社会以外では今日でも異議が多い。個々の生物を制御しているものや、目的を達するように種を適合させる設計が何もないと言っているというのがその理由だ。ダーウィンとウォレスの理論が周知のものとなる前は、科学者は二つのグループに分かれた。一方のグループは、種は神がつくったときのままにあると信じているので、時が経つと種が変わるというのは創世記に矛盾すると否定する。もう一方は、進化による変化は確かに起こったが、しかし、この変化は目的をもった何らかの力（自然力）――未知のものではあるが前もって決まった計画があって、それに従って進化で種を向上させ、被食者と捕食者の数のバランスのようなものをつくった――の結果であると信じていた。彼らは、植物や動物は、変化する環境に適応するために、あるいはほかの種をしのぐために進化したと信じた。種は生き残るために適応を迫られた。個々の生物そのものの意志か、何か外部の計画が、種をはっきり決まった目的に向かわせた。自然界は「進歩」したではないか、だから制御している力が進歩することを望んだのに違いない、と彼らは考えた。

自然選択説は、進化を、あらかじめ計画されたものではない、偶然に起こった無秩序で計画もない事象の非常に長い連鎖であると説明する。それは目的もなく、意図したデザインも必要でない。ダーウィンとウォレスは、彼らの目の前にある超自然を引き合いに出さなくてはならないかのような現象に対して、理性だけに基づいて、体系化された論理的な説明を考えだしたのだ。

自然選択説は、変異、死亡率の差異、有利な形質を代々伝えられる能力、という三本の柱に支えられている。個々の変異は偶然に起こる。環境の影響で、変異したもののうちあるものは繁殖する前に死ぬこともあり、ほかの変異体より稀にしか繁殖しないか成功することが少ないこともある。試練を乗り越えた変異体の子孫は、両親を成功させた形質を受け継ぐことになるだろう。

今日、遺伝学の知識のおかげで、種のなかの各個体は（クローンは例外だが）唯一無二だということ、つまり、各個体の形質は皆それぞれ異なることがわかっている。しかしダーウィンの時代には、科学者は種を「類型」と思っていた。十九世紀の科学者は、プラトンの時代にまで遡る哲学思想――世界は「イデア」という言い方で表され、完璧な形で出現した――という教育を受けていた。環境に適応している種は完全無欠につくられたと考えられた。ダーウィンの時代には、一つの種の中の個体の変異は些細なことで、その種の生き残りとは無関係だと考えられていた。さらに、進化や分類に興味のあった科学者は比較解剖学――解剖学的構造を二つの種の間で比較して、両者の関係を明らかにするか、予測する――に留まっていた。彼らはたいがい、どれかの種の少数の標本しか調べなかったし、種は理想的な形になっているという、当時流行のプラトン思想を信じて疑わなかった。[4]

これに対してダーウィンは、何年もかけて蔓脚類の甲殻動物（フジツボなど）の微細な構造を調べると同時に、いろいろな単一の種の中の個体の変異に気がついた博物学者の文献を集めた。観察と進化を関係づけることはしなかったが、各個体の変異が所説の核心であって、脚注ではないことが彼にはわかった。

変異がどこにでもあることが、なぜ、意味のあることなのか？　仲間の中に変異がなかったら、時を経て種が自然に変化するわけがない。変異というものがなかったら、同一世代の個体はみな同じで、それらの個体の子供も両親や兄弟と同じになる。一世代、十世代、百万世代後に、種は相変わらず——そのままでいるはずだ——まったく同じだろう。もし変異がなかったら、かつては一種類の絹糸腺しかもっていなかったクモが、三種類の絹糸腺をもつようにはならなかったばかりか、クモ類として進化することも決してなかっただろう。大昔の節足動物の祖先には、腹部に出糸突起と絹糸腺のある生物になるような変異は起こらなかっただろう。それどころか大昔の節足動物の祖先そのものさえ、決して存在しなかったはずだ。変異がなければ、新しい種は創造する以外には現れないだろう。

変異があればこそ、変化する機会がある。ダーウィンは、『種の起原』の最初の章で、一般には育種と呼ばれている人為的選択について述べている。文明の初めから、人間は「最良の」植物や動物を選び出して交配し、作物や家畜の改良に努めた。毛の密な羊がほしい畜産農家は、できるだけ毛の密な雄羊と雌羊を選んでつがわせ、次にもっとも毛の密な子羊を選んで、それらを交配した。数世代重ねるとその群れのほとんどの仲間は前より毛が密になった。[5]

もちろんほかの科学者は人為的選択について知っていた。しかしそれは人間の仕事で、人間は、自然とは違って、自然より勝っていると考えていたので、同じような機構（メカニズム）が自然界で働くとか、そのような機構が働くような変異が自然界に存在するなどとは思いもしなかった。この人たちも、目的論的見地でつまづいた。依然として種の変異は予定された究極目的だと考えた。彼らは、農家が「毛の密な羊」をつくることができたのと同じ方法で、創造主または種そのものの「生命の躍動」（エラン・ビタール）が進化による変化の目的（普通、進歩と認められている）を定めると信じた。この見方に従うと、クモの進化の目的とするところは常に、クモの成功の頂点とみられている円網で、鳥の進化は飛ぶことを狙っているし、ライオンの進化は常に狩りのあっぱれな腕前を狙うということになる。ダーウィンは、自然の変異についての並々ならぬ知識と、人為的選択がどのように働くかについての一般的な知識と、経済学者トーマス・マルサスの「人口論」を読んで得た、死亡率の違いの意味を直観で見抜いていたので、目的はないとみていた。

マルサスの本は、死亡率の差とも進化ともなんの関係もなかった。マルサスは、それどころか「人口は幾何級数的に増えるが資源、特に食料供給は、等差級数的に増える。だから人類の必要を満たす十分な食料は得られなくなるので、貧困をなくすことができない」と仮定した。当時の人口の増加を考え、ダーウィンは人口に比べて、野生植物も野生動物も、普通は幾何級数的に増えることはないと気付いた。あらゆる動物、植物が個体数を維持するのに必要以上の子供をつくっても、その状況は変わらないということに、自然科学者はずっと前から気付いていた[6]。

植物や動物のほんのわずかだけが、成熟するまで生き残る。これはダーウィンの時代に、科学者が認めていたことだった。しかし、なぜ、ある個体は生き残り、それ以外は皆死ぬのか説明しろと言われると、ダーウィンの時代の科学者は、地球上の生命がいろいろな種すべての間でバランスを完璧に保てるようにという神の意志か、全能の自然力を根拠にあげた。その考えが改められるには、ダーウィン独特の洞察と、彼の他の大勢が認めていることを詳細に吟味する才能が必要だった。

ダーウィンは、まず、種の中の各個体が、生殖期まで生き残る機会を均等にもつかどうか考えた。調べた結果は、否だった。種の中での不平等のもっとも顕著な例は、生まれつきの欠陥あるいは病気で食べ物の採集や食事自体が妨げられていることだ。そういう個体は、滅多に生殖するまで生きられない。それほど顕著でない例は、微妙な変異が環境の状況次第でその効果を現したときに起こることだ。さらに例えば、食料が突然不足したとき、食物を見つけて手に入れやすい個体は、そうでないものより生き残りやすいということはわかるだろう。どの個体が生き残るかに計画も予定もあり得ない。それどころか、生き残りはあまりにもたくさんの、まったく共通点のない、相互に連関した要素に左右されるので、その世代のどの個体が生殖するまで生き残りそうだと確信をもって予言するのは不可能だろう。その年のある季節には有利であった同じ個体がほかの季節の間には不利になることがあるかもしれない。種の環境のあらゆるわずかな変化が、わずかに異なった仕方で、あらゆる種の仲間の生殖機会に影響することに、ダーウィンは気付いた。例えば、ある仲間が食べ物を獲得するか死ぬかというような変化は刻一刻と起こった。

生きている子孫を残す個体はどれも「適者」だ。「最適者生存」という熟語は、紛らわしく、誤解されることが多い。ダーウィンは、『種の起原』第五版までは使わなかったにもかかわらず、（ウォレスの勧めで）経済学者のハーバート・スペンサーからそれを借用している。ウォレスは、「自然選択」――ダーウィンの用語――は、何者かが意識的に選択の過程を指図するという意味になりはしないかと思っていた。これは彼とダーウィンの説に反する。しかしスペンサーの言い方は、勝ち抜き式のスポーツのように、最も速い、最も強い、そうでなければ「最良の」個体が勝つという別の誤りを触発した。世代ごとに多数の個体が子孫を残すので、無際限の形質のうちのどれか、とても微妙な形質が、どれかの個体にとって役立つようになる。それらの個体は人の目には「最良」とか「最適」には見えないかもしれない。それでもそのような形質は続く世代に現れる。「最適者生存」は、すべての種が互いに生存競争し、「最適者」がほかの種を打ちのめすという想像を呼び起こす。しかし自然選択は、種全体に対してではなく、特定の種の中の個体に対してのみ働く。個体だけが「適者」となれる。個体が子孫を残すか残さないか、たくさんか少しか、種の状態はその結果にかかっている。(7)

有利な変異が遺伝するという考えは、ダーウィンの主張の中ではわかりやすいかもしれない。ダーウィンは、すべてとは言わないまでも、ほとんどの形質を生物が子孫に伝えることを納得させるのに困ることはなかった。実は、変異が重要だということを認められなかった人は、自然における遺伝の役割を強調しすぎていた。種が進化しなかったと信じると、すべての（あるいはすべての重要な）形質が変わらずに世代から世代へ伝えられたということになる。

しかし、正確に「どのようにして」生物が彼らの形質を両親から受け継ぐかは、ダーウィンには不可解だった。誰も遺伝学を理解しなかった頃だし、ダーウィンは、遺伝学それ自体に対する疑問だけでなく、どのようにして変異が起こったのかという疑問も解けなかった。ダーウィンが、遺伝と変異しやすさにかかわる疑問に対して長年、労を惜しまず研究し、その当時の知識を越えて得られた結論は、今日でも引き続き遺伝学によって確かなことと認められている。現在は、世代を越えて形質を伝えてゆく物質が何かはわかっている。それはＤＮＡで、それが変わりうることも我々は知っている。その結果、各個体は唯一無二のものになるのだ。有性生殖で両親のＤＮＡが混ざる結果だ。

変異と死亡率の差異と遺伝との関係のあらましを理解したダーウィンは、地球上の生命の計り知れない多様性が、どのようにしてなんの計画も設計もなしに生まれたかを説明できた。どの種のどの世代も、唯一無二の個体がたくさん集まって成り立っている。環境条件（気候、同種の仲間やほかの生き物との間での栄養物に対する競争、捕食など）や性選択（生殖の相手を引きつけて獲得する能力）の故に、ほんの少しの個体しか子孫を残せない。あるときの環境条件に有利となった形質と性選択が、それより劣る形質に比べて次の世代に現れやすい。同じような環境が何世代にもわたって続くか強くなると、その種はおおむね全員がその利点をもつようになってゆく。

ダーウィンの先輩や同世代の人たちが周囲を見回すと、多様な種類の生命がそれぞれ完璧に、それぞれの環境に適応しているように見えた。それが偶然実現したとは信じられないと感じた。ダーウィンの同世代の中には、偶然の出来事から自然界にみられる驚くべき生命の相互関係が生まれると信じるのをあざける者さえあった。しかし、彼らは二つの点で間違っていた。時間の役割を低く評価していたことと、偶然は、その過程の一部ではあるが、すべてではないということを理解できなかったことだ。

ダーウィンと違って誹謗者は、過去というものは、瞬間が何兆回も連続したものであること、その各瞬間には、各個体が生き残り繁殖する見通しに影響を与える数え切れないほどの出来事が起こることを、十分に推察できなかった。同様に、この計り知れない時間経過の間に莫大な数の個体が生きたり死んだりしたということを理解できなかった。

ダーウィンは、何百万と世代を重ねる間にあったはずの何百万という変異に心を向けることができた。ある個体に起こった有益な一つの変異の裏には、数千の、もしかすると数百万の不利益をもたらす変異がほかの個体で起こっていたはずだ。そういう個体は、生殖するまで生きて、その変異を子供に伝えることはなかった。利益のある変異は、百万に一つだけの偶然として起こったわけではない。と言うより、ほかの百万の偶然の変異の中からの唯一の生き残りなのだ。つまり、変異は滅多に「起こら」ないのではなく、「生き残」って「不滅になる」のが稀なことなのだ。

ダーウィンの誹謗者は、眼や、関節のある脚、クモの網が、ある時期に突然完全な形で現れたのではなく、何百万世代も重ねるうちに徐々に変化してつくられたと想像することもできなかった。ダーウィンができたようには、彼らは、「個々の変異は、ある時、ある場所での利益の表われである」ということを想像できなかった。粘りつく糸は、クモが強い糸で網を張り始めるよりずっと前、卵の保護や穴の内張の役に立った。剛毛、または刺毛は、出糸突起の上の出糸管に進化するまでは感覚器官の役目を果たした。遺伝学的研究から、昆虫の翅、哺乳類の眼、クモの出糸突起は革命的に新しいものではないことがわかっている。すべて持ち主に立派に役立ってきた構造物の変形に過ぎない。

ダーウィンに対する疑いを捨てた人たちは、偶然が自然選択で果たす役目も誇張した。確かに、利益のある変異は、最初は偶然に、でたらめに起こる。しかしそれらは種の中でたまたま生き残り、広まるのではない。死亡率の差異——環境によっては、ある変異がほかの変異より有利になるので、ある世代のすべての仲間が生殖するまで十分長く生き残るチャンスは同じではない——は、無作為の過程とは全く反対のものだ。その過程が世代を超えて繰り返されるほど環境が比較的安定だと、環境は最初に有利だった変異をずっと、ますます増強する。糸の産生の変異も無作為に起こったかもしれない。しかしもし、それをもっているクモがその世代のほかのクモより有利だということになると、次の世代にそれが現れるのは決して無作為にとはならないだろう。そのようにして道路図も、予定も、設計図もなしに進化は一定の方向へ進むことができると、ダーウィンは考えた[8]。

どのようにして、ただ一つのクモの原種が何万種ものクモに分かれられたのだろうか？　ダーウィンは、自然選択が種の増加を説明できると確信した。しかし、たった一つあるいは少数の個体の群れに起こったある利益を得るような変異が、今そこにある種を変化させるまで、あるいは別の種が出てくるまで、どのようにして長く続くことができるのかという問題に悩まされた。もし、利益のある変異の最初の運び手が、ほんの少数派だったとしたら、なぜ多数の子孫を確立する前に、その変異が消えてなくならなかったのか？

ダーウィンを苦しめていたこれを始めとする疑問の答は、彼の死後数十年経った一八八二年に出た。集団遺伝学と呼ばれる進化学の一部門が、非常にわずかな優位性でも十分時間があれば集団の中に広まりうることを、数学を使って明らかにしたのだ。集団遺伝学者は、生き残る子孫からみて有利な要因を計算した。一般的な式によると、まず、一万の個体からなる一つの集団と一％の優位性をもつ変異を仮定する。一％の優位性というのは、優位な変異をもたない各個体がそれぞれ百の子孫を残すのに対して、優位な変異をもつ個体はそれぞれ百一の子孫を残すと言い換えられる。優位な変異は、約二千世代後、集団中に行き渡る。クモのように系統が多くて、何千万世代、もしかすると何億世代も存続してくると、喩えて言えば一瞬で、そのような変化は起こってしまう。

種の中の集団がほかの集団と隔離されていると、進化による変化は、いっそう速くなることがある。新しい環境で出会う選択圧が生息地の集団が出会うものとは異なると、移住集団は、その生息地の集団とは異なる方向へ進化することがある。そのような進化的変化は、たまたま何かに乗って島へ運ばれたとか（驚いたことに、よく起こる）、大陸移動とか山岳地帯の隆起によって生息地の集団から徐々に引き離されたりした植物や動物に起こった。古い環境と新しい環境の選択圧がとても似ていても、二つの集団が別れることもある。特殊な変異がある集団には起こり、ほかの集団には起こらないこともありうる。二つの集団の個体に、同じ変異が、違う時あるいは違う順序で起こることがあり、それが続く世代に起こることに影響するようになる。

しかし、穴の住み処にいるのが好きな初期のクモが、その種のほかのクモからどのようにして離されたのだろうか？　水辺に住む小さな生物は、いずれにしても定住する場所を選べない。増水して浮いてきた植物がクモを乗せて彼らが歩き回る範囲を越えたところに降ろすことがよくあったかもしれない。*Attercopus* の化石を発見した古生物学者は、植物やほかの有機堆積物がそれと一緒に化石化しているということは、その *Attercopus* は生前、まさに増水かなにかに巻き込まれたのだろうと考えた。たいがい、そういうクモは、死んだ。水におぼれたかもしれないし、漂流中に共食いしたかもしれないし、ほかの難破者に食べられたか、穴には適さない、十分な餌のない地面に投げ上げられたかもしれない。それでも、中には旅を生き残るクモがいて、上陸地点に住み着いたのだろう。その後に、新しい生息地で出会う新しい選択圧にさらされたのだろう[9]。

分離された集団が選択圧に応え、世代を重ねて進化するうちに、異なった身体の特徴と行動を示すようになったと思われる。そのような変化は、人間には、たいしたことはないと見えるが、もし二つの集団が戻ってきて出会っても、一つの集団に戻ることはない（図7）。二つの集団が出会ったときには、一つの集団の個体はもう一つの集団の相手の性にもはや魅力を感じなくなっているかもしれない。交尾期が変わっているか、恋愛中の行動が合わなくなっていて認知できなくなっているかもしれない。二つの集団の雄と雌は、元の集団の雄と雌との違いを見て、調べて、においをかぐかもしれない。雌のクモが不適当だと思うような求愛行動をする雄のクモは、仲間になるどころか餌になってし

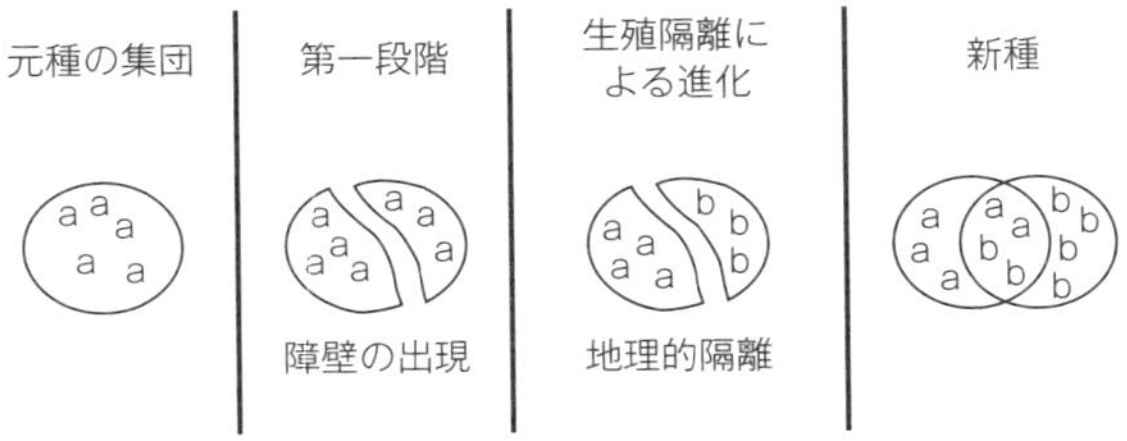

図７　種分化（種の形成）。初めの集団が地理的に小集団に分かれる。この小集団の一員がほかの小集団の一員と交配しても生存能力のある子孫をつくれないと、この二つの小集団は二つの別の種と考えられる（Peter Loftus による作図）

まう。雄の生殖球あるいは雌の結合器官が少しでも違うと、二つはもう一緒にならない。集団が別れてから世代が過ぎると、求愛と結合が何事も起こらずに終わって、繁殖は不可能になる。精子と卵が遺伝学的にも適合せず、生きた胚ができないようだ。

進化生物学者は、個体が互いに交配して繁殖力のある子孫をつくれる生物の集団を種と定義している。二つの異なる集団の一員――例えばウマとロバ――は、交配して子（雑種と呼ばれる）をつくれるが、彼らの子ラバには生殖能力はない。定義によると、一つの集団が二つの集団に別れてしまって、その間では繁殖が上手くできなくなったとしたら、前は一つの種だったものが、もはや二つの種になってしまったということになる。別の集団に分かれた後に、自然選択の力によって長期間にわたって形質が変化してきたからである。それについてダーウィンは、「進化」という言葉は使わず、「変化を伴う系統」と表現している。[10]

ダーウィンとウォレスが一世紀半以上前に出した説で、ハラフシグモ亜目には、なぜそれほどたくさんの似た種があるのかについて、合理的で検証可能な説明ができる。そのような小さな動物の集団は、洪水にさらわれたり、水の流れが変わったり、地滑りとか過去三億年にわたって起こった環境の劇的変化によって、簡単に、それぞれ分離されたことだろう。孤立させられた集団では、自然選択によって変化して進化するまでには十分に長い時間があっただろう。ハラフシグモ亜目が、見境のない使い方をしていたにしても、なぜ複数の糸タンパク質をつくるように進化したのかに関して、自然選択説で、同じように無理のない、検証可能な説明ができた。複数の糸タンパク質をつくる能力で、クモはもっと大量の糸をつくれるようになっただろう。狩りをする戦場にあって激しく戦うときにも、クモは糸をつくれただろう。糸タンパク質は、ほかのタンパク質同様、アミノ酸からつくられ、製造にはエネルギーが要る。タンパク質によっては、異なったアミノ酸からなっていることも、同じアミノ酸の数が異なっていることもある。クモが餌を消化してエネルギーとアミノ酸をたくさんもっているほど、組成は異なるが同じ働きをする糸をつくれるので、余計に糸をつくれることになる。あるいはまた、ある種類の糸をつくるのに必要なアミノ酸とエネルギーが欠乏していたとしても、ほかのアミノ酸混合物または少ないエネルギーを使う糸タンパク質をつくれるかもしれない。

この、糸を大量につくれるという新しく進化した能力で、落とし戸や、もっと深い穴をつくる道が開かれた。多分、食物不足で、一種類の糸しかつくれなかったクモよりも明らかにハラフシグモ類は穴をよく維持できた。あるいは、いろいろな餌が周りをうろついていたとすれば、ハラフシグモ類は得られるアミノ酸混合物やエネルギーの量が変わったとしても、比較的一定量の糸をつくれただろうから、家族をよく守れた。

クモの絹糸腺の進化による変化は、人間の肉眼には見えない。しかしそれは、あるメカニズムが常に働いている印なのだ。そのメカニズムこそが自然選択なのだ。後になるほど複雑になる糸と網の進化を理解する鍵をハラフシグモ類の絹糸腺と出糸突起が握っている。それこそ、「なぜなぜ物語」*ではたった一つの劇的な転機で解決、がお決まりになっているのと違って、クモの物語は、時々思いがけない方向へ行ってしまう大小の出来事が積みかさなって複雑だという最初の表れなのだ。

＊訳者注：動物の体形や習慣がなぜそうなのかをお話にした子供向けの物語

第四章　外へ、上へと向かって

タランチュラ（トリクイグモ）は、よく映画に（助演として）出てくる。毛むくじゃらで、ごつくて、映画『007 ドクター・ノオ』で一匹の大きなタランチュラがシーツの下に入り込んでショーン・コネリーの腕から頭のほうへ忍び寄る場面や、『失われたアーク』でハリソン・フォードのジャケットに、密かに、平然と這い上る場面では、思わず目が釘付けにされてしまう。一九五五年の *Tarantula*（「この世でもっとも恐ろしいもの！」）や、一九五八年の *Earth vs. Spider*（「クモは人を食わねば生きられない！」）のような恐怖映画では、ピントもよくあって、家くらいの大きさに拡大されたことさえある。それらは悪夢に出てくるクモで、「とび出た牙のある」トタテグモ、ゴライアストリクイグモ、バブーンタランチュラ、アースタイガーのように夢魔のような名で呼ばれるようになった。そのうえ、恐ろしげなクモ形類という一般のイメージがいろいろある。タランチュラという呼び方は、クモ類の中で二番目に大きな系統に属するクモに対して漠然と使われている。糸をいろいろな新しい形につくりあげて、この系統のクモの数はハラフシグモをしのぐ。

約二億四千万年前に、現在フランス北東部のヴォージュ山地にあたるところで、ずんぐりした、毛むくじゃらのクモが死んだ。見かけは、生きている化石のハラフシグモとは異なっている。腹部の上側はなめらかで毛が生えていて、もともとクモの祖先ではもっとはっきり分かれていた、腹部にあった背板がない。ハラフシグモの出糸突起が腹部の真ん中から突き出ているのに対して、このクモの出糸突起は、尻の先端から出ている。六つの出糸突起のうち二つは、二本の毛の生えた排気管のように後ろに突き出ている。

現在生存しているクモの中に、ヴォージュ化石のクモのように排気管出糸突起をもっているものがいる。管状あるいは漏斗状の網を張り、糸で覆った玄関を穴の外に張り出している。化石になった出糸突起のない *Attercopus* が滅んだ、少なくとも三億八千万年前から、クモの祖先は地下に隠れ家をつくるのに糸を使っていた。二億四千万年前までには、徐々にだが、地上の隠れ家と餌を感知する網をつくり始めるクモが出てきた。今日、これらの革新者は、トタテグモ下目として知られており、タランチュラもその中に入っている。(1)

ネズミやリスなどに親しみを感じているなら、「野ねずみの身体の形をしたもの」という意味の mygalomorph（トタテグモの英名）という名前をかわいいと思うのではないか。世間一般の教養とクモ学者の見解が全く一致するとは限らない。とはいえ、長年にわたり、毛の生えた、ネズミほどの大きさの脚が八本あり、八つの眼と牙のある節足動物に嫌悪感を抱いてきた人は多い。トタテグモ類がすべて巨大とは限らない。成体の大きさは、ゴライアストリクイグモのように脚を広げると二十八センチにもなる恐ろしいのもあれば、小型のトリクイグモ（シートで漏斗状の網を張るクモ）のような、手足を伸ばしても二・五ミリメートルにしかならないのもある。稀な例だが、噛まれると人が死ぬと言われるクモもいるが、ほとんどのトタテグモ類は、危険ではない。トタテグモが仕留めることのできた人間以外の最大の餌は、信頼できる論文によると、同じくらいの大きさのネズミだ。「トリクイ」などと言うのはヒトの恐怖感がつくりだしたことではないだろうか。

トタテグモ類は、進化するにつれて、新しい性質や行動を少しずつ積み重ね、今日私たちがトタテグモ類と認めるクモのようになってきた。生きている化石のハラフシグモ類は、地表には数知れぬ危険があり、地上で生活できる機会はなかったが、生きながらえている。これに対して、トタテグモは進化の過程で、たくさんの種が生まれた。地上に出た彼らには、危険も好機もあったが生き延びている。

ヴォージュ化石のトタテグモは、二億四千万年前頃に死んだ。約三億六千二百万年から二億五千万年前の間に、葉をつけたシダのような巨大な植物が地上を覆い尽くした。このような森は大量の二酸化炭素を吸収して酸素を放出した。植物が死んで腐ると、好気性細菌は酸素を取り込み、死んだ植物組織の中にある炭素を分解しては放出した。これらの樹はたいてい沼沢地帯に繁茂した。水に落ちて沈むと、好気性細菌から隔てられ、組織の中の炭素はそこに残った（人間はこれらの炭素埋蔵物を石炭として、何世紀も取り出してきた）。生きている植物は酸素を出し続けるが、死んだ植物は炭素を放出しないので、大気中の二酸化炭素濃度は減り、酸素濃度は増加した。

現在、大気は、約二一％の酸素を含んでいる。最近の研究から、三億八千万年前には一四％と低か

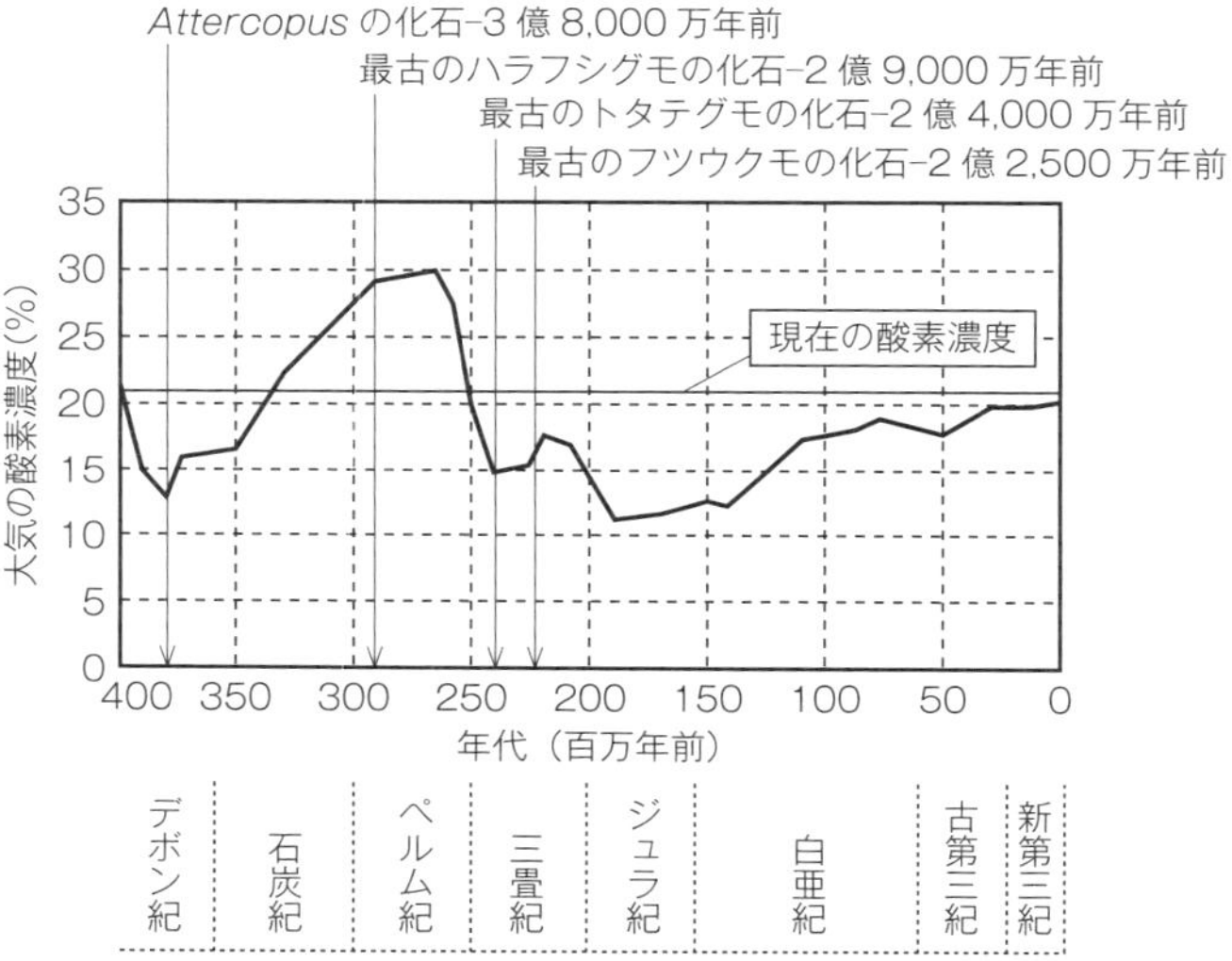

図 8　過去 4 億年にわたる大気の酸素濃度。ペルム紀の間、酸素濃度が最高で、昆虫が非常に多様化した（Ward, “Breath of Life” に従った Peter Loftus による作図）

った大気中の酸素濃度が、二億八千万年前（最古の化石化したハラフシグモが死んでから、まだそれほど経っていない）には約三〇％まで徐々に上がったことがわかった。これは大変な違いだ。一四％では、ほとんどの人が筋肉運動の協調性と知覚が損なわれる。二一％では燻っていた火が、三〇％では炎になる。二億八千万年前になると、酸素の濃度は再び下がったが、二億五千万年前までは現在の濃度以上が続いていた（図8[2]）。

この酸素濃度の高かった時代に、地上が賑やかになった。酸素の補給で人々の呼吸困難が和らげられるように、空気中の酸素濃度が高いと、動物は地上で生きやすくなったようだ。四足動物（魚から進化して爬虫類、恐竜、哺乳類、鳥類として多様化した四つ足動物）がまず、酸素濃度が上がると、思い切って陸上へ進出した。クモのもっとも重要な競争相手の昆虫も、酸素という燃料を得て多様化の波に乗った。昆虫は最初の飛翔生物となった。この新しい能力はクモの進化に重大な、さまざまな影響を与えた。遺伝学的研究から、昆虫の翅は、クモの出糸突起のように、昆虫とクモの祖先である水生節足動物の鰓からきていることがわかった。ほかの研究では、昆虫の翅が初めは鰓を拡張したような形をしていて、それは風を捕らえ、水中で孵った昆虫の幼虫が水面を泳ぎ進み捕食者から逃れるのを助けたという可能性が明らかになった。(3)

翅があるだけでは、飛べるとは限らない。飛ぶにはエネルギーが要る。動物は消化した食物と酸素からエネルギーをつくりだす。酸素濃度が高いほど昆虫の代謝系は活発になっただろうから、未発達の翅しかなかった生物でも、食べた餌を飛ぶのに必要なエネルギーに変換できた。これで翅の進化が早まったし、恐ろしい大顎をもち三十センチ以上にもなる翅で空中を突進する巨大なトンボのように、昆虫の巨大化傾向に影響したかもしれない。

それから二億五千万年前頃、二畳紀（ペルム紀）の大絶滅の開始とともに、このような生物学的、大気的傾向は逆転した。二畳紀の大絶滅は、おそらく、地球の中心核（コア）からのガスの噴出か、小惑星の衝突か、あるいは両方が同時に起こった結果だ。絶滅という「大事件」は、約八百万年にわたって、陸と海の生物の九〇％を絶滅させた。二酸化炭素濃度が急増する一方で、酸素濃度はもっと急激に下がり続けた。以前は広がり続けた森の多くが減少した。それまで八目《もく》あった昆虫がほとんどすべていなくなった。化石の記録から、二畳紀の大絶滅は、昆虫の大量絶滅の最大のものとみられるようになった。四足動物もたくさん絶滅した。

この絶滅の間、クモがどのようにして暮らしたかはわからないが、少なくとも、生きている化石のハラフシグモ種は、なんとか生き延びるものがいた。そうでなければ、クモが現在私たちの近くにはいないだろう。系統的な解析から、ハラフシグモ類は、トタテグモ類の祖先ではないことが明らかになっている。そうではなくて、共通の祖先をもっているのだ。今までのところ最古のトタテグモの化石は、そのわずか一千万年後ではあったが、絶滅の後の時代から発見された。もっと古い化石がまだ発見されるかもしれないが、今のところ、今日トタテグモ類と定義されることになったクモか、大絶滅の時代に生きていたトタテグモ類に近い祖先かどうかの確かな証拠はない。クモを餌にしていた動物の数が急に減ったか、餌に対する競争が次第に減少したか（餌そのものが次第に減少しても）で、クモは比較的無事に過ごした。最少の食物、水、酸素で生存する能力で、ほかの生き物が死に絶えるときにも生き残ることができたのだろう。

その後の陸の生命の復活により、大絶滅がもたらした二畳紀と三畳紀の境界線が鮮明になった。酸素濃度は減り続け、増えて、再び減った。大絶滅で荒れ地となった地面に、シダが集落をつくり、木々が再び繁茂し始めた。三畳紀の終わり、二億年前までに、現在の主な針葉樹のほとんどが定着した。化石記録からわかるように、三畳紀の初期に昆虫は、もっとも多く生き残っている目《もく》が、そのまま集団を維持するか、再び増殖するかして、荒廃から回復し始めた。(4)

二畳紀の大絶滅以前に、昆虫はますます数を増し、地面や高い木の周りを這い歩き、空中を飛び回っていたが、三畳紀の初期にまたそれが始まった。そのため地上を離れて昆虫を追うクモは、ほかのクモが見向きもしない食べ物を得ることができたようだ。しかし危険を冒して地上に出たクモは、徘徊性の生き物を襲う肉食系の昆虫に食べられてしまうという危険に自身をさらすことになっただろう。さらに、節足動物を狩る両生類や爬虫類が地上を制圧していた。両方ともクモより視力が鋭かった。

トタテグモ類は、依然として身を隠しながらも、穴の改造によりこの新しい環境の利点を取り入れていた。最古のトタテグモの系統の中には、まだ落とし戸付きの穴を地下につくるのもいる。地下の穴の上に落とし戸と、糸の切れ端を混ぜたものや土で取り囲んだ「つまみ」を付け、ときには、ハラフシグモの受信糸の代わりに穴の縁から伸び出るコケ類を外へ伸ばし、通りかかる餌をクモに報せるようにした。同じ系統の仲間には、落とし戸とつまみなしをなくし、穴の糸の内張を二・五センチほど地上にまっすぐ伸ばした「カラー（襟）」を選んだのもいる（図9）。カラー扉（襟付き扉）をつくるカネコトタテグモの仲間は、土、小石、落葉落枝を、偽装と補強のために巣の表面に上手く差し込む。できたものは、誰かが地下の糸と土でできた穴の構造をつかんでその片端を少し地上に向けて突き出したように見える。

カネコトタテグモは、日中はカラーの口を閉めておく。地面のちょっとした出っ張りのように見える、しっかり締まったカラーの陰にいれば、クモは落とし戸に隠れているのと同じように安全だ。日

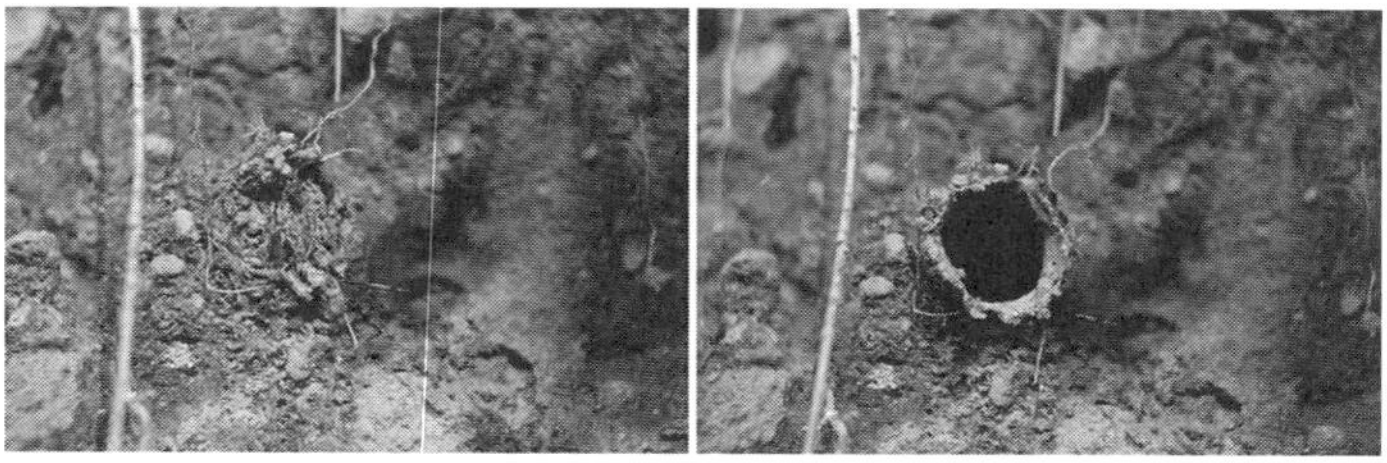

図 9　カラーをつけた巣。左ではクモは姿を隠すために巣を閉ざしている（写真は Frederick A. Coyle による。the Museum of Comparative Zoology, Harvard University の許可を得て転載）

が暮れると、クモはカラーを全開にして、触肢の先端と二対の前脚をカラーの内側に触れさせ、通りかかる餌をじっと待つ。餌の位置を確かめるための情報は、触肢と脚にカラーを通して伝わる振動だけだ――クモは視覚も、嗅覚に相当する化学受容も使わない。虫がこそこそ這っていようと走っていようと、それが地面にいるかカラーの真上なのかを、クモは六カ所の接触点で震動の差を計測して突き止めると、突進して餌を穴に引きずり込む。カラー扉をつくるカネコトタテグモは、どうやら落とし戸をつくる近い親戚たちよりも餌を捕まえる確率は高いようだ。クモの最初のささやかな空中への糸の適用範囲拡大は成功したようにみえる。[5]

カネコトタテグモの中には、カラーの形をさらに無断で借用して、カラーより三倍も高い、七センチから十センチもの「小塔（タレット）」をつくる種もいる。カラー扉と同様に、小塔の穴の玄関は絹、土、植物の破片からできている（図10）。小塔の内部はカラー同様なめらかな糸なのに、外側は、穴の周囲に上手く溶け込んでいて乱雑だ。また、小塔をつくるカネコトタテグモは、カラー扉をつくるクモのように餌を見えないところで待つ。彼らは、巣に植物の

図 10　小塔形の巣。飛翔昆虫がときどき片持ち梁となっている植物の破片の上に着陸する（写真は Frederick A. Coyle による）

破片を密着させて、それを周囲の空間に片持ち梁のように飛び出させておく。昆虫が植物の切れ端に軽くさわろうものなら、クモは直ちに震動を感じる。

小塔をつくったり、植物の破片を伸ばすとかは、人間にとっては些細なことにみえるかもしれないが、クモの感覚の届くところを外へ上へと大きく広げた。そのうえ、小塔は、昆虫の登るという本能を刺激して夢中にさせ、クモのメニューは地上に住む食べ物に限られなくなった。飛翔昆虫が植物の破片の延長部分を跳躍台や着陸台に使うことさえある。小塔、またはそれに極めて近いものは、クモにとって、飛んでいる昆虫を捕まえるための糸を素材とする最初の道具となった。[6]

カラー扉をつくるクモや小塔をつくるクモに近い、嚢状の巣をつくるジグモは、さらに上空へと進出した。この種のクモは、アフリカ、南ヨーロッパ、アジア、メキシコ、北アメリカの東側に生息している。彼らは、まず穴を掘って糸の内張をする。次に、丈夫な管に糸の内張をほどこしてそれを地上に伸ばすか、木の幹やその他の垂直な支柱にもたれかからせる。この管は地上の穴と言ってもよい（図11）。長さが十五センチメートル――二・五センチ以上の体長を超えることはほとんどないクモにしては大変な長さ――のものがある。

嚢状の巣は、クモにとっては猟師の潜伏所であり、うっかり近寄った昆虫には見えない危険がいっぱい潜んでいるところだ。ジグモは、中に姿を隠して、虫がその上に乗っても管の外を這っても、正確にその位置を感知することができる（図12）。そこでクモは、管の中を標的の真下まで急行し、特大の毒牙の付いた鋏角を糸の壁を通して餌に突っ込む。餌を突き刺すと、管を牙で切り裂いて、脚で素早く掴むや、力ずくで穴の中へ引きずり込み、落ち着いたところで餌を食べる。食後の修復作業により、嚢状の巣は、また次の待ち伏せ場所となる。[7]

最初のクモ類も生きている化石のハラフシグモ類も、住居は事実上すべて穴だった。その後、カラー扉の巣や、小塔の巣、嚢状の巣をつくるクモや、初期に進化したトタテグモ類は、糸の狩猟装置へ

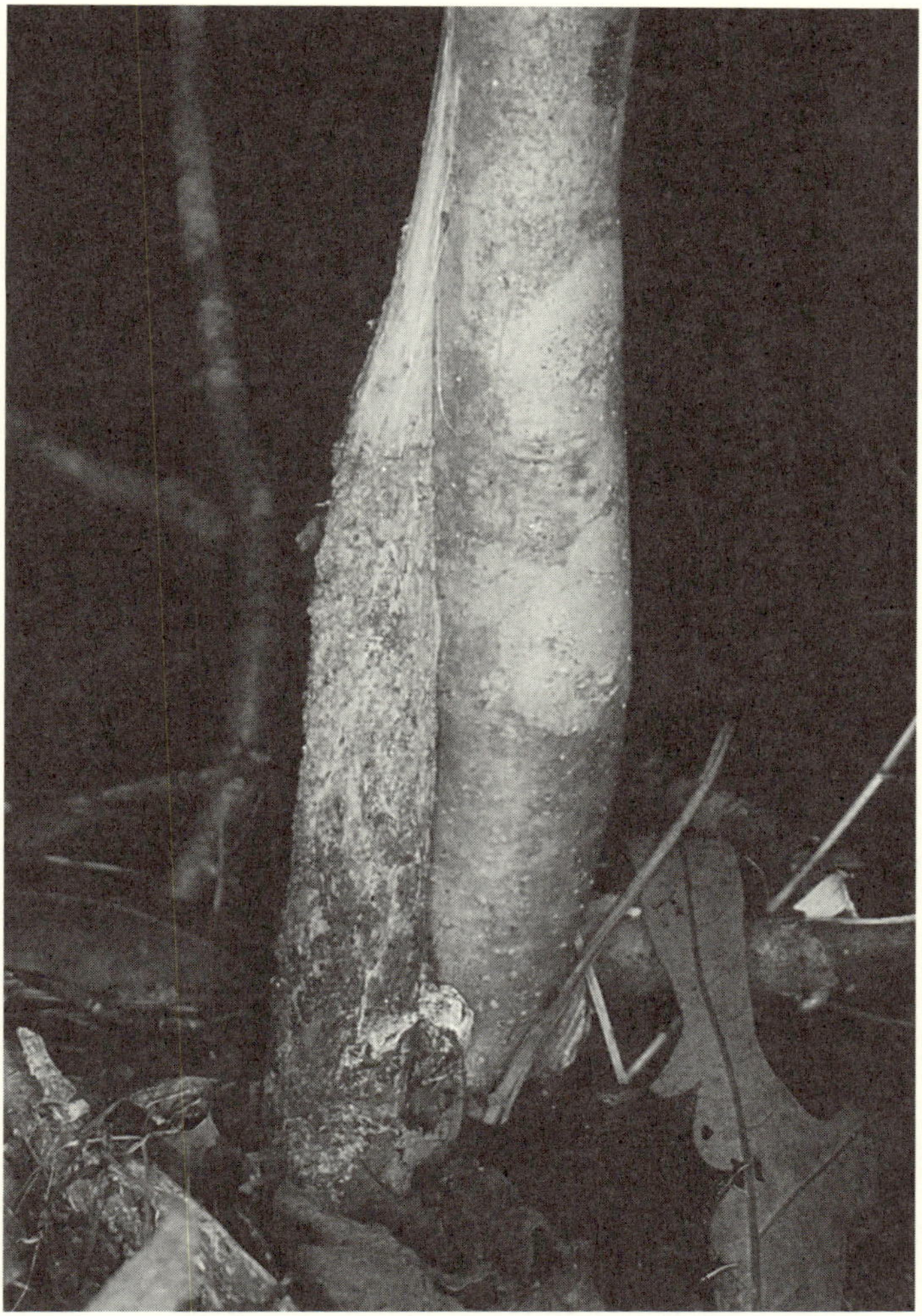

図 11　地下の穴から細い木の左側に沿って伸びているジグモの袋状の巣。ジグモは餌が来たことを報せる震動を中で待つ（写真は Frederick A. Coyle による）

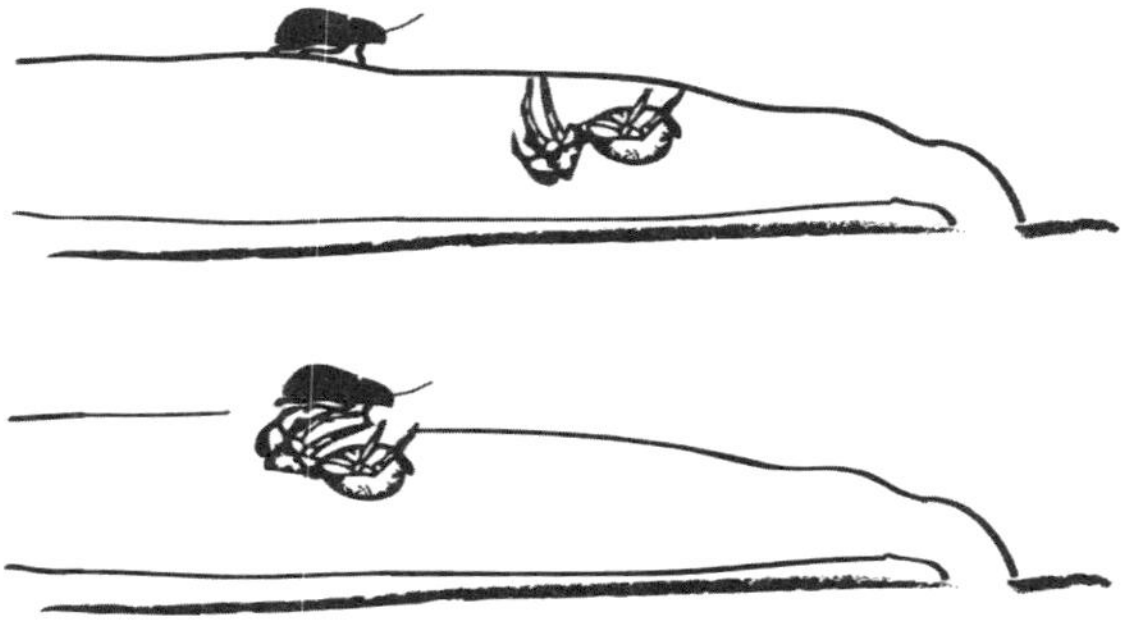

図 12　ジグモが餌をどのようにして捕まえるか。クモは巣の袋越しに昆虫を突き刺し、袋を切り裂き、昆虫を穴に引き込む（Peter Loftus による作図）

の投資を増やし始めた。地上の管の長さが増すほど、一匹のトタテグモが餌となるものを感知できる範囲が広がった。つまり、糸を張り巡らせた部分が露出するほど、一匹のクモにとって狩猟範囲が広くなる。こうして上方の世界に向かって行動範囲が増えるほど、新しい食物源——登る、あるいは飛翔する昆虫を見つけるチャンスが増えた。高いところにまで餌を探しに行ければ、一平方メートル四方の土地が、より大きなクモの集団を維持できただろう。しばらくは、上のほうへの奮闘を続けながら、隠れ場所の安全を享受することになった。

トタテグモ類の中には、この新しい開拓前線へとさらに遠くまで出て行き始めたものもいた。漏斗状の巣を張る、トタテグモ下目ジョウゴグモ科のクモは、熱帯と亜熱帯地方に住み、岩の下や割れ目に糸で管をつくる。薄く透き通る、水平の、漏斗形の薄いシートを植物の枝や石などから短い糸で吊りさげて、管への入り口をひろげた（図13）。

東オーストラリアの悪名高いシドニージョウゴグモ

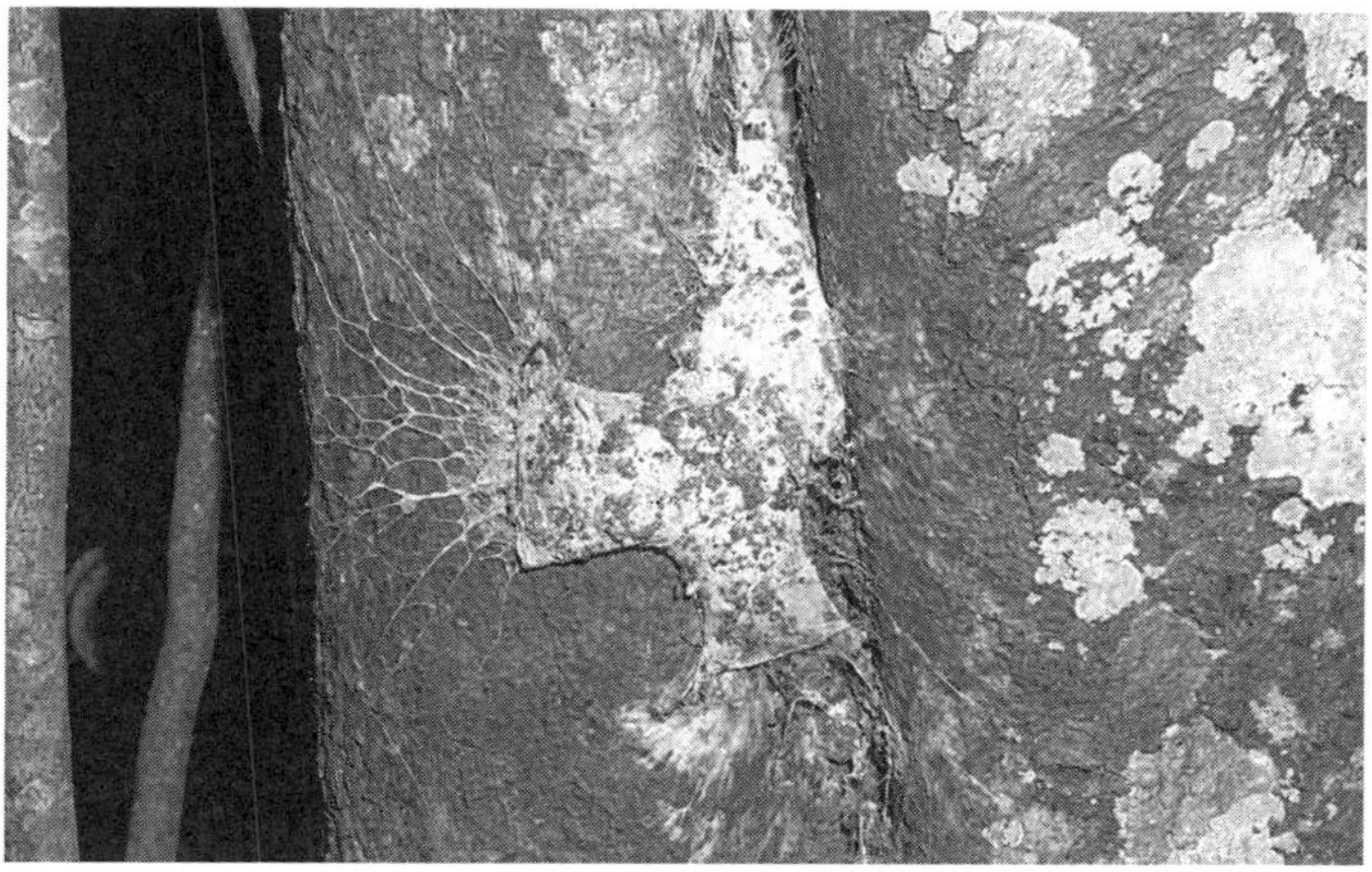

図 13　ジョウゴグモ類の巣。クモは厚いシートの後ろに隠れていられる（写真は Jason Bond による）

（*Atrax robustus*）の仲間は、人間を殺したとして知られる数少ないクモだ（このクモが人間を餌と思ったわけではなく、偶然出会ったときにクモが身を守ろうとしてかみついた結果なのだ）。イングランド国教会の牧師で動物学者のオクテーヴィアス・ピカード・ケンブリッジが最初に記載し、「robust」（たくましい）と名付けた。黒い、頑丈な脚と触肢、強力な牙のある鋏角と長い糸出突起のあるこのクモは、奇妙に美しくもあるが、とても気味が悪く、体長が五センチメートルもある。毒は神経毒で、あらゆるクモの中でもっとも危険だ。ちょっと噛みつかれても自律神経の失調を引き起こし、血圧急上昇、急降下を繰り返し、動脈が圧迫される。人間は、交尾期に漏斗状の巣を離れて雌を探しに出た雄と運悪く出くわすものだ。悪いことに、雄のほうが毒性が強い。シドニージョウゴグモによる死亡例は、一九八一年に抗毒素ができてからは報告がないが、噛まれても抗毒素が必要なことは、まずない。毎年平均して、シドニージョウゴグモやその他のジョウゴグモに噛まれたとはっきりしている場合はわずか四件で、噛まれたらしい場合が十六件ほど報告されている。

漏斗状の巣をつくるトタテグモ類の中のほとんどは、人間の脅威となることはない。漏斗状の巣を張る極小形あるいは矮小形のコモリグモはアメリカの西海岸沿い、メキシコ全土、南アメリカ南部に住んでいる。その二倍の大きさになるある属のクモ以外は、七ミリメートル以上になるのは稀で、これらの小形のクモは、糸でできた管の住み処への入り口から地面に沿って糸の不規則なシートを敷いている。シートの長さは数センチメートルを越えることはないが、それでも餌がうっかりぶつかって、糸の隠れ家で待っているクモに震動を送るのには十分なのだ。

糸のドアマットは、雄のクモにとって潜在的な障害物となっている。同じ種のクモで、共食いすることにも後ろめたさを覚えることがない。クモは本能的に攻撃を始める。結婚することを心に決めている矮小形のジョウゴグモの雄は、雌の隠れ家から伸びている糸のシートに触れると、フラメンコダンスをする（これらの巣は、他の雌グモの巣のように、誘引フェロモンが付けてあるに違いないと研究者は信じている）。ある種では、雄は、身体を左右に振りながら、脚で糸を軽くたたき、次に生殖球を地面か巣の下の表面にたたきつける。餌が引き起こす震動とは確かに違う、この型にはまった周期的運動に応えて、雌はじっとしている。そこで雄は雌に近づき、脚で雌の脚や身体を軽くたたき始める。雌が無抵抗でじっとしていると、雄は雌を上のほうへ押し上げ、噛みつかれないように二対の前脚で抱える。それから、牙のある鋏角を巻き付け、精子を積んだ生殖球を雌の生殖器開口部に挿入する。交尾は一時間も続くことがある。鋏角で巻き付くのは、このそれほど短くない出会いには重要であるように見える。研究者が交尾中のジョウゴグモの邪魔をして鋏角を引き離すと、雌は即座に雄を攻撃して殺した(9)。

漏斗状の入り口から隠れ家へとシート状の巣をつくるクモがほかにも、オオツチグモ科（Theraphosidae）の中にいる。一般にタランチュラと知られているクモのほとんどがここに入る。オオツチグモ類はもっとも多様なトタテグモ科で、約九百種が知られている。北半球の南のほうにもいるが、主に南半球に住んでいる。食べられるほど大きいのも多い――カンボジア人は空揚げを好むが、南アメリカのある地域では焼いたのが好まれる。オオツチグモ類はたいてい、地下の穴か岩の下か、樹皮か植物、キノコ、コケなど、植物に寄生する生物や糸の隠れ家をつくって住む。オオツチグモ類の中には、糸の管の中に入って樹に住みつくのもいる。

オオツチグモ類には、攻撃的と思われている――人間や動物が邪魔をすれば、突撃する――のがいる。刺毛が抜け落ちて、奇妙な吹き出物を人間につくるのが多く、無防備に手で触ると、すごく痒くなる。見るからに恐ろしげな様子――鮮やかなオレンジ、青、または赤で「危険！」と伝えているように見える――のもいる。脅かされたとき、脚の毛をこすりあわせて威嚇的にうなるような音を出せるのもいる。しかし、オオツチグモ類は故意に人間や大型動物を攻撃することはしない。大勢のクモ愛好家や倶楽部、ウェブサイトが証言するように、すばらしいペットにさえなる。

「タランチュラ」という名前は、誤った名前だ。オオツチグモ類は決して起こさないのだが、奇怪な、うたがわしい病気――舞踏病――の故に付けられた汚名だ。「タランチュラ」という言葉は、イタリア南東部プーリア州のタラント市に因んでいる。大昔はコモリグモという名前だったが、後に市の名前を取って *Lycosa tarentula* と名付けられた、その辺りには珍しくないクモだった。このクモはトタテグモでも、ましてやオオツチグモでもない。たまたまオオツチグモ類に似ているのだ。クモの中ではやや大きいほうで、少し毛深い。しかし、鋏角、呼吸器系、眼の配置、その他の目に付きにくい特徴は皆違う。その土地特有のコモリグモに噛まれたと思ったタラントの人は、躁病に悩まされ、汗を出してクモの毒を追い出そうと複雑なジグダンスを始めた。このダンスが、タランテラとして知られるようになった。今では結婚式のレセプションに欠かせないものとなったこのダンスは結局、ほかの毛深いクモ、オオツチグモ類に間違ったあだ名を付けることになってしまった。このややこしい話の中には、ほかにも誤りがある。現代の毒物学では、コモリグモの毒は人間にはほとんど害は無く、ミツバチに刺されたときのような反応を引き起こす程度ということがわかっているのだ（もしタラントの人が危険なクモに噛まれたというなら、それは多分タランチュラとは似ても似つかないクロゴケグモのしたことだろう）。コモリグモは、カトリック教会がどんちゃん騒ぎを禁止する中、慣習から由来する気違いじみたダンスにふけることへの手軽な言い訳を与えただけかもしれない。少なくとも、現在タランチュラと呼ばれるトタテグモが、いわゆる舞踏病の犠牲者を噛んだということがないのは確かだ。(10)

さまざまなトタテグモ類が設計した、シートを垂直に張った巣は、それ以前のクモのどんな狩猟システムでもできなかったようなことができる。生きている化石トタテグモの受信糸、トタテグモのカラー、小塔、嚢状の巣はすべて、餌が近づくのをクモにこっそり報せる。でもそれらは餌の検出器になるだけだ。シート状の巣もクモの餌への注意を喚起する。しかしそれらは餌を捕まえるのも助ける。表面の堅い、カラー、小塔、嚢状の巣と違って、シート状の巣は緩く掛けられたブランコのように作用する。その上を歩く昆虫やほかの餌のつくるへこみで動きが取れなくなる。隠れ家に待ちかまえているクモに振動を送っていながら、かなり衰える——待ち伏せ攻撃との完璧な組合せになっている。植物の茎や石などのような直立した支柱の間に「空間の網」——糸繊維の垂直な覆い——をつくり、シート状の巣の構想を少し進歩させたトタテグモ類がいくらかいる。こういう巣は餌を絡め取り、クモがやってきて素早く殺すまで捕まえておく。[11]

クモとその祖先は、罠に糸を使うようになる一億年以上前から、それを生き残るために使ってきた。その間、クモの周りの世界が変化するにつれ、自然選択で、まず落とし戸、しおり糸、それからさまざまな穴の拡張がつぎつぎと起こった。革新的な方法で糸を使うクモが増えるにつれ、自然選択で、さらにもっとほかの糸の使い方を発見した新しい型のクモがますます増えた。現在、トタテグモ類——あるものは専ら地下に住み、あるものは空中に広がって——は、全ハラフシグモ類の三十倍近い種が知られている。最近では、ハラフシグモ類は五属、約九十種しか知られていないが、トタテグモは、約三百属、二千六百種がある。糸の使用法の発明で、クモは三次元世界を好きなように利用できるようになり、また、その勢力を広げていったのである。

トタテグモのカラー、小塔、嚢状、漏斗状、シート状、空中の網の巣はハラフシグモ類の落とし戸付きの穴の進歩したものとみられるだろう。これらは進歩なのか、ただ違うだけなのか？　ハラフシグモ類はこれらの巣をつくるクモより原始的なのか？　カラー、小塔、嚢状の巣をつくるクモたちは、空中に網を張るクモたちより原始的なのか？　「最適者生存」という言い方で、生物学者でない人を、人の目に進歩と認められるような変化をしない動物の種は、おそらくもっと環境に適した「もっと進化した」種に負け、破滅を決定的にしたと信じさせてしまった。あまりにも多くの動物の種が絶滅したという、化石の記録から得られた知識がこの考えの一因となったかもしれない。魚、昆虫、爬虫類、哺乳類の記録、あるいはほかの生き物の進化の記録と本質的に違いはないが、クモの進化の記録からすると、この考えは間違っている。ハラフシグモ類とカラー状の巣をつくるクモは、数億年前、彼らが初めて現れたときとは非常に異なる環境なのに、今もいる。長生きして子孫を残せたハラフシグモやカラー状の巣をつくるクモのどれかが適応したのだと、ダーウィンなら説明しただろう。

ハラフシグモ類とトタテグモ類は、非常にはっきりと、自然選択には目的がないことを示している。トタテグモ下目の系統を追跡して、いろいろな系統の種の糸の使い方を調べると、より「進歩した」糸の構造が現れたという道に矛盾なく達することはない。もっと最近現れたトタテグモ類で、ずっと昔に現れたトタテグモ類と同じ建築設計を使うのもいる（図14）。ある系統では、穴と落とし戸の組合せが消えたり再出現したりしているようだ。また、あるトタテグモの系統では、ある個体は地下に

図 14　この穴——糸の内張りがよく見える——をつくったトタテグモは、比較的最近進化した系統に属する。それなのに，シートや漏斗状の巣を張る代わりに、先祖代々の穴の設計を上手く使っている（写真は Jason Bond による）

穴を掘り、ある個体は樹の上に住む。これは進歩ということではなく、広がりだ。虫を捕まえる方法は一つではないのだ。

トタテグモ類の間に起こった多様化は、結局、別のグループに凌駕されることになる。糸の更なる新しい使い方を会得したクモは空中に進出し、ほかの生物と比較するとほとんど爆発的とも言える多様化の段階が始まった。

第五章　薄い空気を征服

クモは、本棚の隅にじっとしている。突然、体中の剛毛がざわざわして、周りの空気の異変を感じる。なにか巨大な物体が向かってくるのが見える。人間の手が近づく前に、クモは棚の端からきらきら光る糸を引いて下へ降りる。たたきそこなった手が糸を掴んでぐいと引き上げる。クモは、どっこい、つぎつぎと糸を繰り出し、まっすぐ床に落ちて隠れ場所へと走り込む。

ときには、くだらないと思われるものが予期せぬ結果を引き起こすこともある。クモにとっては、大瓶状腺糸（しおり糸）の出現がそれだった。大瓶状腺糸、すなわちしおり糸は、クモが懸垂下降するときに使う糸だ。地球上でもっとも強靭な物質で、大きな力に耐え、莫大なエネルギーを吸収して壊れない。材料科学者、機械工学者、生化学者、武器製造業者、外科医、ファッションデザイナーは、そのアミノ酸鎖に閉じ込められた秘密に強く引かれている。鳥たちは、自分の巣の材料を固めるためにクモの網から大瓶状腺糸を盗む。人間は何千年にもわたってクモの網を盗んできた。南太平洋の人たちは昔から、魚を捕る地引網、釣り糸、防水性の帽子や袋をつくるのにそれを集める。二十世紀の後半、白金線と進歩したガラス彫り込み術が代わりとなるまで、測量技師の転鏡儀、望遠鏡、その他の光学器機の像面につけた十字線として大瓶状腺糸は理想的だった（一九四一年、ザ・ニューヨーカー誌は、ニュージャージー州、ホボーケンのクーフル・アンド・エッサー社が、大瓶状腺糸を集め、光学器機のレンズや爆撃照準器につけるため、メアリー・ファイファーを五十年以上も雇っていたことを記事にした。毎年七月になると、ファイファーは、少年たちが広告を見て近くの沼地から捕まえてくるクモ百匹か二百匹につき十五セント払うのだった[1])。

大瓶状腺糸の出現は、これまでのクモの進化でもっとも実り多い第三番目のフェーズ——クモ下目（フツウクモ類）のフェーズと関連がある。フツウクモ類のクモの数は、生きている化石のハラフシグモ類とタランチュラ類とすべてのトタテグモの近縁種を合わせても、その十四倍という多さだ。どれだけの新しい生き方をクモが大瓶状腺糸でつくりあげたかの証となる。クモ学者はハラフシグモ類を出糸突起の変わった位置にちなんで、またトタテグモ類には臆病なネズミを思い出させるのに対して名前を決めた。クモ下目（araneomorph（araneusはラテン語の「クモ」にあたる））は、あらゆる点で、あまりにも完全にクモらしいので、そう名付けられた。ハラフシグモ類やトタテグモ類と違って、人間がクモと普通に結びつけている行動を常に行う。「真のクモ（true spider）」と呼ばれることの多いフツウクモ類が、南極以外の大陸でどんな気候のところでも、どんな標高のところでも、驚くような、ときには思いがけないような糸の使い方をするのが見られる。

トタテグモ類は、地下からの進出に糸を使った。本棚から飛び降りるようなやり方で、安全に懸垂下降できるトタテグモはいなかった。トタテグモ類はクモならできると思われているようないろいな離れ業は決してできなかった。彼らは、毛針釣りの達人のように釣り糸を投げ、遠く離れたものにしっかり固定されるや、その上を歩くとか、空中の足場、いわゆる「クモの網」をつくることができない。大瓶状腺糸は、クモが、空中を征するのに使うすばらしい道具だ。それのおかげで、外へ、周りの世界へと大きな飛躍ができた。

南アフリカのナタール・クワズールで見つかった二億二千五百万年前の真新しく見える化石のクモと、ノースカロライナ州に隣接するバージニア州のカスケード山脈に近いところでもう一つの化石が発見されたことで、クモは少なくとも二億四千万年前に大瓶状腺糸をつくっていたという仮説ができた。やはり、トタテグモ類の特徴のように、それらの外観も進化していた。いつかはわからないが、地上世界で有利となるように絹糸腺が進化し始めた。ハラフシグモ類もトタテグモ類も大瓶状腺糸はつくらないが、フツウクモ類はすべてがつくる（フツウクモ類は、小瓶状腺糸と呼ばれる糸も紡ぐ）。大瓶状腺糸はそれをつくる腺の形が瓶のような形をしているのにちなんで名付けられ、空中に掛かった網がクモのトレードマークとなった。フツウクモ類の網は、クモが大瓶状腺糸で紡ぐ、枠糸《わくいと》と呼ばれる、支えとなる太綱から吊り橋のように吊るされる。(2)

橋に使われた最初のケーブルを賞賛した人たちが、それをクモのケーブルと比べたということに少しも驚くことはない。クモの網の枠糸は、それにぶら下がる糸すべての重さに加えて、網のあちこちに突進するクモの体重と運動（ときにはその連れ合いと子供）、罠にかかってばたつく餌の重さに耐えなくてはならない。これだけでも十分な重荷だが、そのうえ、危険の大きい地震、ハリケーン、その両方が同時にあってでも網を維持しなくてはならない。土台は、そよ風でもゆれて位置が変わる植物で、それに網は張り巡らせてあり、人がほとんど気付かないほどの気流だけでなく、もっと強力な風が常に影響を与える。枠糸はゆれて、引っ張られても、土木技師や材料技師顔負けのやり方で元に戻る。

円網に人間の想像力は引きつけられるが、この目を喜ばせる二次元の車輪のような構造は、いろいろあるクモの網の形の一つに過ぎない。しかもクモの進化の後期になるまで現れなかった。エボシグモという、もっとも早く進化したフツウクモ類は、今も生きていて、三次元のランプの笠形の網をつくる（図15）。解剖学的特徴が、トタテグモ類とフツウクモ類の中間という、この妙な生き物は、トタテグモ類と共通の祖先をもつフツウクモ類の間にある「ミッシングリンク」かもしれない。まさにハラフシグモが、最初のクモはどんなものだっただろうかということの手がかりとなる発見となったように、エボシグモから、最初に現れたフツウクモ類の生活と、大瓶状腺糸からできた枠糸の上につくられた最初の網のことをいろいろ考えられる。

エボシグモ類の特徴でもっとも目立つのは、呼吸器官と鋏角だ。ハラフシグモ類とトタテグモ類には二対の書肺、腹部の下側にある袋に隠された鰓に似た酸素取込み器官がある。ほとんどのフツウクモ類には、一対の書肺と一対の気管、身体の表面の穴から酸素を身体の中へ運ぶ呼吸管がある。気管は書肺よりも効率の良い酸素の通導体で、書肺袋から進化したと思われる。エボシグモは、フツウクモ類なのだが、ハラフシグモとトタテグモのように二対の書肺をもっている。もしクモ学者がエボシ

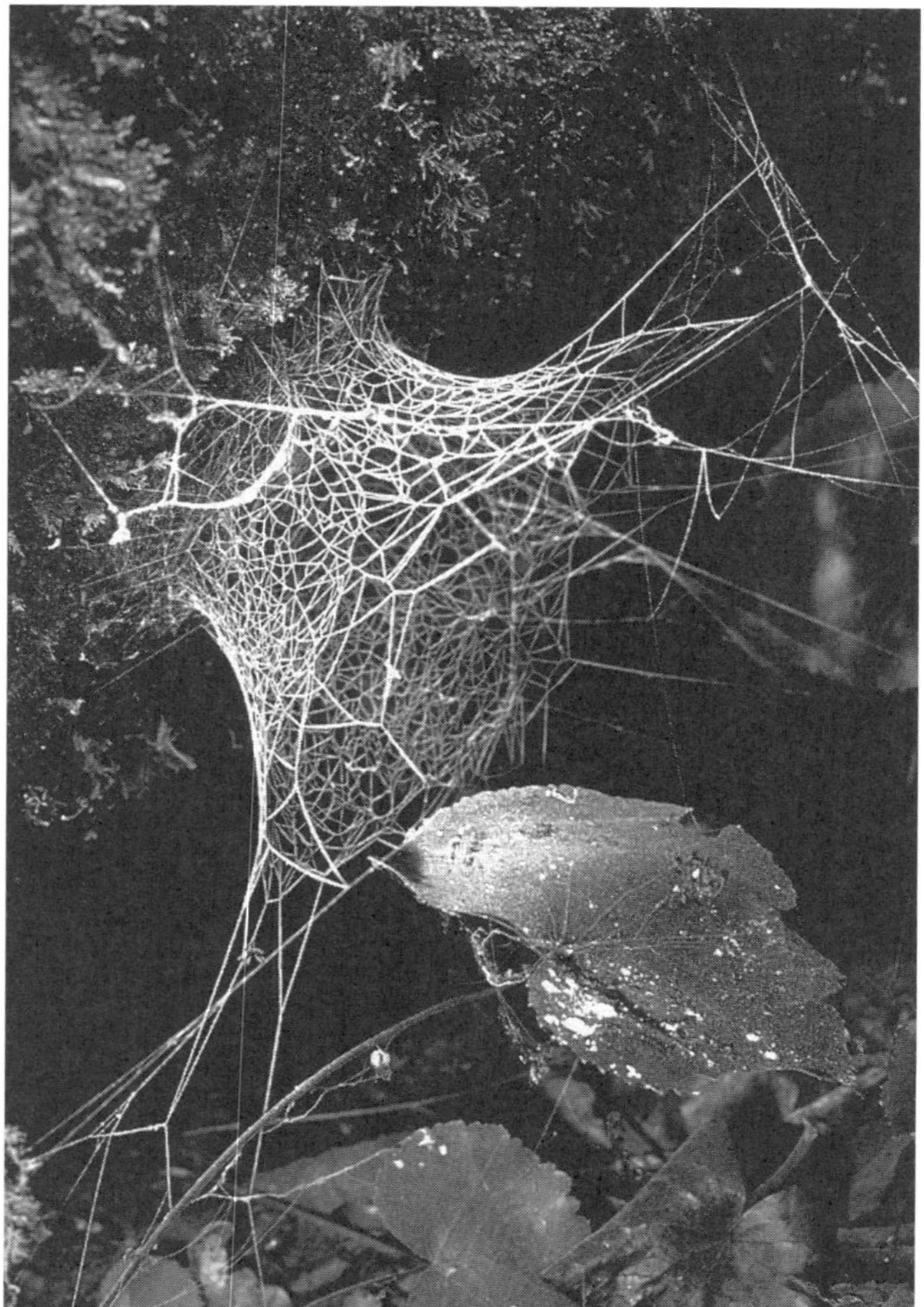

図 15　ランプの笠形の網。よく見えるように粉を振りかけてある（写真はJonathan Coddingtonによる）

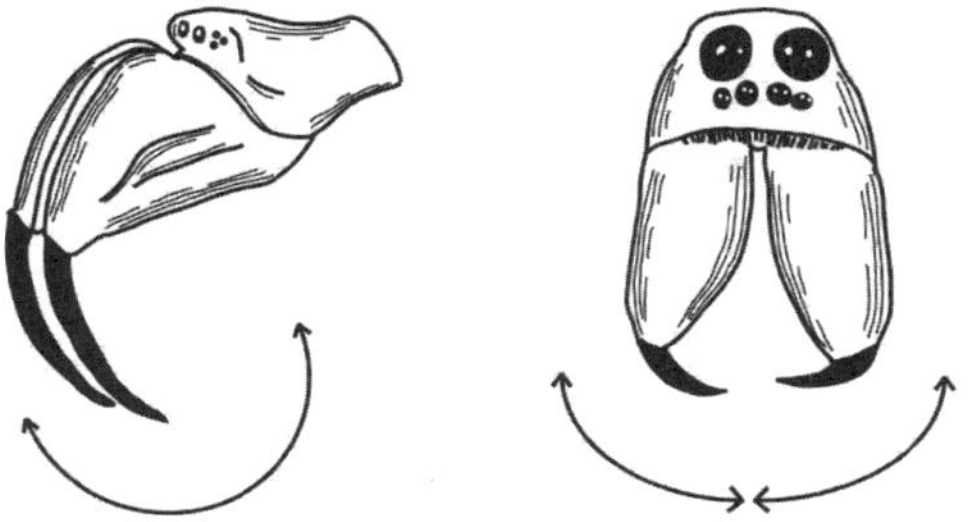

図 16　鋏角。正顎鋏角（左）とピンセットのような鋏角（右）（Peter Loftus による作図）

グモの分類をしようとしたとき、呼吸器官だけに注目していたら、この種は「ハラフシグモ亜目」あるいは「トタテグモ下目」とラベルを付けられて、棚の上の広口瓶に入れられてしまっただろう。

エボシグモの毒牙のある鋏角も珍しい。クモ学者は、クモを分類学上二つの大きなグループに分けている。彼らはハラフシグモ類とトタテグモ類を、鋏角が両者平行で、地面に対して垂直に上下に動くので、Orthognatha（「正顎の」、*ortho*-は「まっすぐ」、*gnath*-は「あご」から）に分類した（図16）。鋏角が鋏のように左右に開閉するので、フツウクモ類は Labidognatha（*labido*-は「ピンセット」から）に分類された。氷の塊をつまみ上げるのには、アイスピックを二本揃えて上下に動かすより、左右から挟むほうがやさしいように、ハラフシグモとトタテグモの鋏角が上下方向に向いていたのでは、フツウクモ類のように餌をつまみ上げて運べなかったはずだ。まず、獲物をぐさりと突いてから引きずらなくてはならない。ハラフシグモ類とトタテグモ類の場合は、餌を引きずるときに、その重さに耐えるもの——地面、岩、木の幹などがなくてはならない。巣の上でもトタテグモ類と餌は下から何かに支えられている。それに引き替え、フツウクモ類の鋏のような鋏角では、餌に両側から毒牙を打ち込みそのまま持ち上げられる。クモは宙に浮いたレースのような網を一走りして餌を運べる。たとえトタテグモ類がそのような網をつくったとしても、餌は牙をすり抜ければ、糸の間を通り抜けてしまうので、網の上で飢えてしまうだろう。

クモ学者がエボシグモの分類をしようとして、鋏角だけに目をつけたとしたら、今度は「未確定」というラベルになってしまっただろう。エボシグモの鋏角は上下でも左右でもなく、斜めに動く。左と右の牙はVの字の上の点から動き始めて下で出会う。その鋏角は、宙に浮いた網の上で昆虫を捕まえて食べるとき、昔のフツウクモ類にとっては申し分なく、鋏のように働いた[3]。

エボシグモの身体がトタテグモ類とフツウクモ類とに関連があるらしいと思えるように、その網はトタテグモとクモの巣にも関連があるようにみえる。一見すると、エボシグモの網は、ハラフシグモの穴やトタテグモの漏斗状の巣と違うし、関連もないので、洞穴住居からフランク・ゲーリー（カナダ出身のアメリカの建築家、斬新な発想で有名）の建築へと変化したように、クモにとっての大きな飛躍のようにみえる。独特な、特殊化した部分からできていて、空中に持ちこたえている網は工学技術の驚異だ。

網の主要部分である「ランプの笠」は、不規則な大きさと間隔の、網細工できた円錐形の網で、網の固定具から漏斗状に上に向かって張り出している。網の心臓部である固定具は、岩の壁か天井に張り付けられた敷物だ。ねばねばした羊毛のような、篩板《しばん》糸と呼ばれるコイルが、敷物を覆っている。この羊毛のような糸はクモの一連の革新の一つだ。ハラフシグモ類やトタテグモ類とは違って、エボシグモは、篩板（ラテン語の「ふるい」という意味からの命名）として知られる器官をもう一つもっている。拡大鏡で見ると、この少し変わった出糸突起はほかの出糸突起のそばにあって、多数の個々別々の流れとして物を狭いところから押し出す、平らなふるいに似ている。「ふるい」では、篩板の複雑さを表しきれない。拡大率を上げると、表面には何万という小さな出糸管が表面にぎっしりと並んでいる（図17）、それぞれには小さい、苺のような形をした腺が入っている。出糸管から出てくる糸は細くて、四千本以上を束ねてやっと一本の人間の髪の毛の太さになるほどだ。

篩板から何千という繊維が出てくるとエボシグモは、毛櫛《もうしつ》と呼ばれる櫛状突起（第四脚にある毛の独特の流れ）で、それを押したり引いたりする。「紡ぐ」という言葉は、クモが脚を使った糸の操作を言葉で説明するための専門用語として使われたが、毛櫛で糸を束ねることも指す。フツウクモ類だけがアンカーポイトンなしに糸を紡げる。ハラフシグモ類とトタテグモ類は、繊維を基盤の上に突き固め、そこから身体を離す動きによって、糸を出糸突起から引き出す。網を張るフツウクモ類は、脚を使って糸を引っ張り、場所を決めて、何カ所かにつなぎ止める。篩板糸の場合は、毛櫛で紡ぐと乾いた糸に羊毛のようなうねりができ、体表の毛と糸との間に働く引力から逃がれようともがく昆虫を捕らえる（図18④）。

クモは網のランプの笠部分をつくるとき、大瓶状腺糸の繊維を交差して張り、それを羊毛のような

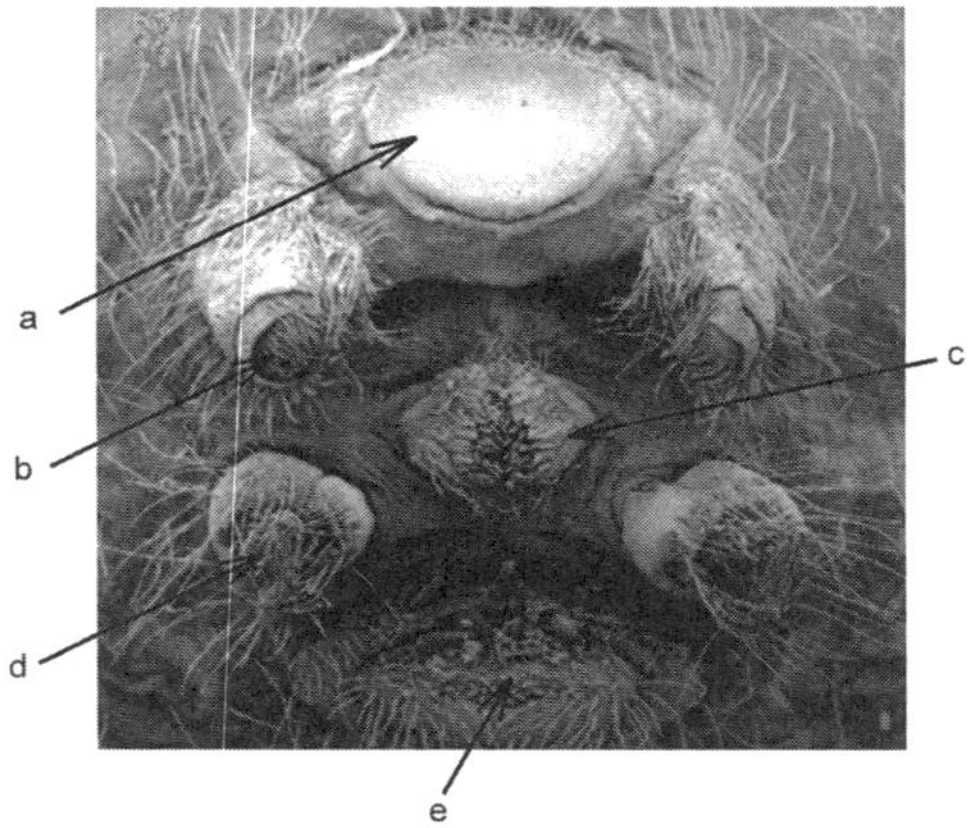

図 17　エボシグモの篩板。篩板をもっているクモの中には篩板（a）が二枚の板に割れているのがあるが、このエボシグモの種では一枚板だ。何千という出糸管が篩板から突き出ている。出糸突起は対になっている。(b)前部の出糸突起、(c) 中部出糸突起、(d) 後部糸突起。肛門部の円形小突起には肛門開口部（e）がある（the American Museum of Natural History の厚意により Platnick *et al.*, “Spinneret Morphology,” fig.7 から転載）

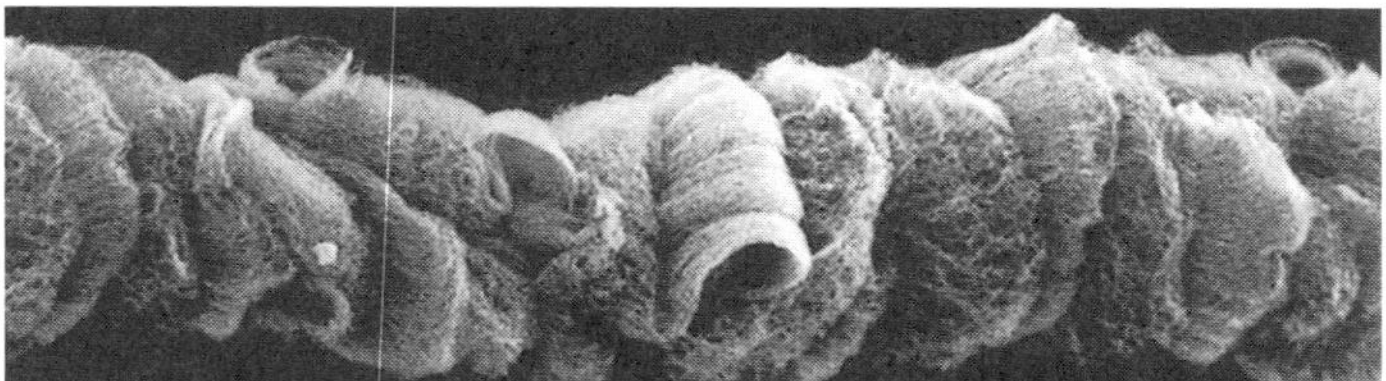

図 18　捕虫用の篩板糸。これだけ拡大すると、クモが一対の第四脚に生えている特殊な毛でできている「毛櫛」でこの羊毛のような糸をくしけずってできるウェーブが見える（写真は Brent Opell による）

篩板糸で覆う。この部分ができると網はまるで、穴だらけのはえ取り紙でできたコーン（直円錐形のもの）のような形になる。網の残りの部分は、ランプの笠の底の開口部で円形の縁を支える何本かの綱と、ランプの笠の直円錐の上部を引っ張り支える大瓶状腺糸の綱からなる。これで、網全体はピンと張った状態に保たれる。

ランプの笠形の網のあらゆる部分はピンと張られているので、どこに何かが触れても繊維に沿って振動が起こる。じっとしているとき、エボシグモは、二番目の二対の脚を網の敷物に、前の二対の脚でランプの笠にぶらさがる。ランプの笠でクモは隠れるので、警告の振動を起こさずにクモに近寄れるものはない。差し迫った危険を感知すれば、クモは大瓶状腺糸の懸垂下降綱で危険から逃れる。

ランプの笠形の網は、猟師の潜伏所にも要塞にもなる。網全体は防御機構となるが、それを保つランプの笠と支え綱だけが餌取り器として働く。篩板糸に覆われているところが唯一の粘着力のある部分だ。餌がこの部分にぶつかると、エボシグモは、殺しにかかる。引っかかった餌がもがくと、脚に届く振動によって場所を感知し、クモはそこへ歩み寄る。クモは後ろの二対の脚を使って、餌と反対側の、ランプの笠の壁の内側に張り付く。それから二対の前脚で、餌が強くあたったランプの笠の側を内側に引き込む。餌はこうしてクモの毒牙のある鋏角が届くところに引き込まれる。初期のクモ類は、餌を糸で包み込んで弱らせることをしない。餌が動かなくなるまで繰り返し毒牙で突き刺す。(5)

大昔のフツウクモのこのような網は、見たところでは、建築学的な先見性をもって設計されたと思えるほど実にすばらしい仕掛けだ。クモにとっては家であり、要塞でもあり、罠でもあり、子孫を残すまで生き残るチャンスと直結している。ハラフシグモやトタテグモの構築物に比べると、劇的な新発展のようにみえるが、まさにそう言ってもよい。けれども、初期のクモの家にあった要素の寄せ集めともみられる。エボシグモは、危険から身を守る場所――岩棚の下、洞窟内や天然のアーチのような遮蔽物の中に網をつくり始めた。要するに、すべて、狭い岩棚や樹の皮の裂け目というような、トタテグモが好んだ場所の大規模な作り替えなのだ。エボシグモの網の心臓部にあたる糸の敷物は、平屋根を岩の壁や天井に張り付けたようなもので、まさに糸を基盤に留めつけたトタテグモの巣のようなものだ。穴や漏斗が昔、クモの身を隠し守ったように、網のランプの笠部分は、糸でできた隠れ家となる。クモに餌の振動を伝える綱は、ハラフシグモ類の受信糸のようなもので、糸のカラー、小塔、嚢状の巣や引き戻し綱やトタテグモ類のシートのように働く。トタテグモの糸の利用法は、ハラフシグモの糸の利用法から、大きな、説明がつかない飛躍をしたものだったというよりは、延長のようなものとみられるように、初期のフツウクモ類が突然「革新的」な空中の網を構築しだしたようにみえるのも、実はクモのそれまでの習性から極端な新発展をした結果というよりも、糸の製法や使用法を引き継いで一歩前進したものと言える。どの革新も、生き残りの勝算を増やすのに成功したことがすでに証明されている革新の上につくられている。

革新的なランプの笠形の網の構築技術や餌取り道具にさえも、その先駆けがある。ねばねばした篩板糸とそれを泡立たせて羊毛のように紡ぐのは独創的とみえるかもしれない。しかし実のところ、篩板は、祖先の出糸突起を二枚平らにしてくっつけたようなものだ。毛深いクモの脚の毛をさらに濃くし、紡ぐ——糸を脚で引っ張る——毛櫛は、かつて穴を掘るときや、穴の中からしおり糸とかほかの糸の延長コードで餌を感知するのに脚を敏感に使ったのが進化したのかもしれない。(6)

さらに、もちろん大瓶状腺糸がなくては、ランプの笠形の空中の網もできず、最古のフツウクモ類がさらに進化することもなかったと思われるので、大瓶状腺糸を真に注目すべきもの、クモを穴から空中の生活へと導いた綱とみないわけにはゆかない。現在もたくさんのクモは穴に、いまだに上手く住んでいる。なぜクモは安全な天国を離れるようなことをしたのだろうか？

南アフリカとバージニア州から出た二億二千五百万年前のクモの化石では、どのくらい前からフツウクモ類が現在のような大瓶状腺糸をつくり始めたかはわからない。二畳紀の大絶滅以前か、その最中か、植物や動物が再び増殖し始めた三畳紀の初期にまず現れたのだろう。大絶滅に先立って起こった酸素濃度の増加が、昆虫と初期の両生類と同じ程度に、クモにも有利に働いたのが一つの可能性だ。酸素濃度が高くなれば、クモは、もともともっていた呼吸器官の書肺（ハラフシグモ類とトタテグモ類には今でもある）で同じ量の空気を吸っても、酸素を前より多く取り込むことができたに違いない。それはクモの血リンパ（節足動物の血液にあたる）の酸素含量を増やし、代謝の効率を良くしたのだろう。呼吸器官に関してはもう一つの可能性がある。遺伝的変異で新しい、もっと効率の良い呼吸器官——後期のフツウクモの気管（air tube）——を生みだしたことが、ある集団に、定着するチャンスとなったのかもしれない。酸素濃度が高ければ、初期の、効率のあまり良くない進化段階の器官でも生き残れたかもしれない。二つの可能性のどちらも、代謝を前より効率良くし、糸を余計につくるか、異なった糸タンパク質をつくる役に立っただろう。代謝の効率が上がれば、糸の生産にエネルギーを取られてもクモが困ることはない。

昆虫は大絶滅する以前より数が増えたので、クモは前よりたくさんの餌を捕まえることができて、前より多くカロリーやタンパク質を取り入れることができた。余計に取り入れたカロリーによって、クモは糸タンパク質生産を増大できた。クモの消化器はタンパク質を分解してアミノ酸にした。アミノ酸は筋肉やほかの構造組織ばかりでなく、酵素、ある種のホルモン、抗体、生命維持に必要なシグナルとその受容体の材料となる。アミノ酸は糸タンパク質の構成単位でもある。使えるアミノ酸の種類が増えれば、クモは糸づくりにアミノ酸を余計にあてられ、また新しいアミノ酸の組合せで新しい種類の糸をつくりだせる。両方同時にもできる。高くなった大気中酸素濃度と、以前より簡単に得られる餌——あるいはこの両方の組合せ——のおかげで、どんな変異をしても容易に生き残り、ついには糸の革新への道が開けたのだろう。

大瓶状腺糸との革新の相棒である羊毛状篩板糸は、おそらくまず、大絶滅の最中か三畳紀の初期に現れ始めた。大絶滅中にあった恐ろしく苛酷な状況か、その反動のどちらかに対して、ハラフシグモとトタテグモの生き方が適応に役立っただろう。あまりにも苛酷な、多数の動物種が消滅した状況で、ハラフシグモとトタテグモは、暴風雨から保護され、ほとんどエネルギーを使わず、身を潜めていられたのだろう。大絶滅の後に、昆虫、両生類、爬虫類の捕食者が増えても、穴や管状の巣に隠れるという習慣がクモたちの役に立ったに違いない。さらにこのような環境で、少しでも糸が強くなってゆくような変異があったら、クモが捕食者から逃れやすくなるか、餌を余計に捕まえられるようなって、その変異は続く世代が広く分布するチャンスとなったことだろう。

大瓶状腺糸によってつくれるようになった空中に吊るされた網は、人間には、あっと言わせるような糸の有用性を表すものだ。網が餌を獲れるようになったのはおそらく、大瓶状腺糸のもっとも強力な働き——クモ自身が餌になるのを避けられるという——の副産物だ。

クモはすべて（ハラフシグモ類とトタテグモ類も）移動した後に糸タンパク質の痕跡（しおり糸）を残す。このようなしおり糸の働きはわかっていないが、おそらく、クモが穴への帰り道を見つける助けとなるのか、個人的広告のようなものか、未来の相手の好奇心をそそるためなのだろう。ハラフシグモとトタテグモのしおり糸は、タンパク質の細い流れの筋で、はっきりした糸というよりは糊のようなものだ。フツウクモ類がトタテグモから分かれたとき、この流れはクモの体重を支えられるほど強い綱に変わった。そのような装備を得たので、むき出しのフツウクモは、木の枝を這って歩いているとき危険を察知するや、安全な場所に急降下し、空中のどこにでも止まれ、危険が去れば、懸垂下降に使った糸を伝って、もとのところへ登って戻れる。大瓶状腺糸を装備しているので、クモは翅がなくても空中を素早く移動できる。

自分の体重を支えられる糸をつくることができたので、ほかの可能性が開けた。あるとき、フツウクモ類は、空中を、下のほうだけでなく横や斜めにも移動し始めた。昆虫は翅があるので、植物が上のほうへ伸びても完全に利用できた。タランチュラまたはトタテグモが樹から樹へ移ろうとすれば、初めの樹からずっと降りて、二本の樹の間の危険な地面を横切り、次の樹をよじ登らなくてはならない。それに引き替えフツウクモは、人間の技術では架橋として知られるやり方で、樹と樹の間を移動する。クモは、大瓶状腺の糸をそよ風に乗せて流し出す。糸がもう一本の樹を捉えると、クモは脚を使ってそれを巻き戻してピンと張り、最初の樹に繋ぎとめ、この新しい綱渡り用の張り綱に沿って次の樹へ渡る。

空中を大瓶状腺糸で移動するのは、翅で飛ぶほどには制御が効かない。クモが大瓶状腺糸の糸を発射しようとするとき、糸が命中するところをはっきり見ることができないので、特別な場所を狙ってはいない。クモは「スパイダーマン」のように糸を発射することもできない。クモはただ、出糸突起から糸を出し、気流が糸をとらえてさっと運ぶのをひたすら待つ。これは成功率が高いやり方のようにはみえない。一九七四年にニューヨーク市の空中で、フランスの綱渡り芸人フィリップ・プティは、史上最高の綱渡りサーカスを行う前に、世界貿易センターの二つの塔の間に綱を張るために、一方の塔の屋根からもう一方の塔の屋根へと、中世の武器、大弓を使って綱を投げようとした。クモの無誘導の、推進力のない綱発射システムは、目隠しをされて、伸ばした手に綱を掴み、風だのみで上手くゆけばと期待して屋根に立っているプティそのものに見える。

しかしクモは、一か八かやってみるのとは少し違うところがある。クモは、いつも、植物などが比較的密集しているところに住んでいる。なんでもよい何かにぶつかるチャンスは多い。クモは糸に推進力をつけることはできないが、かといって無計画にそれを放すわけではない。クモは風見役を身につけている。気流がクモの身体を覆っている何百もの剛毛を刺激すると、気流の速さと方向がわかる。クモは、風の速度が十分な揚力を与えるようになるまで待つ。当たったかどうかは、眼で見るのではなく、感じ取る。クモは、糸が空間を越えて何かに繋ぎとめられたことを、糸にかかる力が落ちたことを感じて知る。

クモの住み処の周りを毎日何度も見て歩く以外に、彼らの糸が命中する割合が平均どのくらいかを知ることはできない。命中すれば証拠が残る。大瓶状腺糸の糸が二カ所に張り渡されているからだ。失敗は証拠を残さない。フツウクモ類は、おそらく、我々の想像以上に失敗しているのではないか。この輸送手段は思ったより確実性は少ないが、たいていは十分なのだ。

フツウクモ類は、大瓶状腺糸でそれまで以上に大胆な空中旅行ができるようになった。それは丈夫で、子グモや成虫に「空高くふわりと飛ぶ（バルーニング）」能力を与えたので、彼らは上昇気流に乗って舞い上がり、そよ風のままに滑空できるようになった。高いところを見つけると、尻を空中高く突き出し、大瓶状腺糸の一吹きを空中に漂わせるのだ。風が糸をとらえ子グモを空中に運ぶ（図19）。大瓶状腺糸がなくても、トタテグモの中には、小さい子グモのときにこの能力のある種もあった⑺。

滑空しようと子グモが吹き出した糸では、一メートルも漂えないこともあれば、さっと気流に乗って数百キロメートルも運ばれることもある。聖母マリアはすでに昇天して天国にいるというのに、そのまとっている布からいまだにほどけてくる細い糸だという伝説があるように、そよ風に吹かれる繊

図 19　バルーニングしようとしているフツウクモ類のクモ。クモは出糸管を高く突き上げ、つま先立ちして、風が大瓶状腺の糸をとらえて自らを空高く運ぶ機会を待っている（写真は Antje Schulte による）

細なクモの糸は、この世のものとも思えない。空を漂う一筋のクモの糸は、また妖精のような空想上の生き物も思い起こさせる。しかし妖精は、どこにでも行ける翼があって、むしろトンボに近い。

糸が子グモを運べる距離は、一八三二年十一月の晴れた朝、ビーグル号の甲板に立って空を見つめていたチャールズ・ダーウィンによって立証されている。空に浮かんでいた何千という小さなクモが、「綿毛のような網の一部」を付けて、船の帆、帆柱、ロープなどにくっ付いていた。ビーグル号は南アメリカの東海岸から百キロメートルは離れて航行していたので、ダーウィンは、子グモは少なくともそのくらいは漂ってきたと確信した[8]。

火山によって不毛の地とされた地域に移住した最初の動物の中には、空中を飛んだ子グモがいたことが、多数の著書・論文で認められている。一八八三年八月二十七日の、ジャワとスマトラの間にあるクラカタウ島の火山の記録上最大の噴火で、島の半分以上が崩れて海に沈んだ。火山の熱が島の残りの部分を焦がし、島を不毛の地にして、その後島は溶岩と灰に覆われた。二カ月後、海岸を探険した科学者は、生きた植物も動物も見つからなかったと報告した。七カ月後、「旅好きの科学旅行者」と言われたベルギーのエドモンド・コットーは、島の現状を調査するために島を歩き回った。彼は、前に来た人が荒廃を誇張していなかったことを認めた。しかしコットーは、もう一人の勇敢な旅行者が彼より前に来ていたと書いている。「徹底的に調べても、ただ一匹のとても小さなクモ以外には植物も動物も生きているしるしが見られなかった。予想外の復活の先駆者は網を張っているところだった。(9)」

クモがクラカタウ島に漂着したすぐ後に、何か餌になるものが来なかったら、餓死してしまって、島の生気回復に役立つことはできなかっただろう。この旅行法は、フツウクモ類をさまざまな新しい、もっと将来有望な地域（なわばり）へと連れて行った。子グモの中であるものは、自然選択圧が生まれ故郷や場所ごとに異なっているので、死に絶えてしまうことがあっただろう。

この要因が、多分、クモの種の数が爆発的に増えた理由のかなりの部分を占めるのだろう。新しい縄張りに分散するのは、ハラフシグモ類とトタテグモ類にとって困難であるし、それにも増して、同じハラフシグモとトタテグモの仲間が地理的に離れて異なった環境に移動することはありそうもない。バルーニングは、新しい種が進化するチャンスを増やす。

長いこと、クモ学者は、子グモだけが空を飛ぶと考えていた。成長したクモはたいてい大瓶状腺糸の綱で持ち上げるには重すぎる。バルーニングは危険だ。空中に漂うクモは無防備なうえに、どこへ着陸するか制御できないし、すでにそこに住んでいる動物に気付かれることもなく、天敵に食べられることもなく着地できるかどうかわからない。子グモにとっては、お腹を空かせた兄弟がぎゅうぎゅうに詰まった群れから逃れることで生まれる利益が、このリスクとバランスをとるのだろう。

ところが、大人のフツウクモ類も空中飛翔することが明らかとなった。約二十種のフツウクモ類が社会性クモだ。「真社会性」のアリやミツバチとは違って、社会性クモは、はっきりとは生殖者と労働者カーストの区別が発達していない。これらのクモは大きな共同の網に、ときには数百、数千が一緒に住む。同じ網に住む同士は共食いせず、網を共同でつくり、日常の雑用をこなし、餌を協力して殺すし、すべての子グモを協力して養う。

イワガネグモ科の一種 *Stegodyphus dumicola* は、ビロードグモとも呼ばれ、社会性の種だ。一九八〇年代の終わりと一九九〇年代の終わりにビロードグモの成体の飛翔についての報告が出たが、クモが本当にバルーニングで飛ぼうとして飛んだのか、たまたま突風に吹き飛ばされたのか、糸で身の安全を保とうとしたのかはっきりしない。その後二〇〇〇年にナミビアのクモ学者のグループが、ビロードグモの成体の群れが、共同の網の天辺で「つま先立ちする (tiptoeing)」のを指摘した (tiptoeing はクモ学の専門用語で、まさに飛翔しようとするとき、尻を空中に突き出し、背伸びするような格好をすること)。ビロードグモは体長が平均約十ミリメートルで、糸一本で持ち上げるには重すぎる。驚いたことに、成体はそれぞれ糸を何十本も扇形に発射して、身体から遠いほうの縁が一メートルにもなるような三角形のシートをつくった。このハンググライダーはクモを空中に押し進め、三十メートルほど上昇したところで見えなくなってしまった。つま先立ちしたクモを捕まえて、研究者は全部とは言わないまでも、ほとんどが受精卵を抱えた雌だということを確認した。もっとも筋の通った説明は、彼らは新しい群れを定着させるための探索に出発したというものだ。さらなる研究で、大きな群れのみが飛翔者をつくることを明らかにした。群れが実際上、限界に達していたのかもしれない。成体飛翔者が空中移住のリスクをとるのは、自分たちの子孫がやがて好機に満ちた未知の世界に新しい糸の張り場所を確立する、という見込みとつり合うからだろう。生まれたばかりのクモと成体飛翔者どちらにとっても、大瓶状腺糸は、単に下へ運ぶ、あるいは危険や困難から逃れるためだけでなく、上へ、遠くへと運ぶ糸なのだ。[10]

大瓶状腺糸を授かった「真のクモ」フツウクモ類は、捕食者から逃れるのに懸垂下降できたし、支柱の間に橋架けをすることも、空中に吊るした網をつくることも、空中を浮遊することもできた。そもそもの初めからクモはずっと糸タンパク質をつくってきた。ついに、クモは、飛び回る昆虫の行動圏へと彼らを進出させるようになる新しい糸タンパク質をつくった。あらゆる視点から、大瓶状腺糸は、クモの糸タンパク質生産における革新的進歩のうちでも卓越している。エボシグモの網がそれ以前のクモの住み処から進化したように、大瓶状腺糸は、もっと古いクモの糸から進化した。クモの糸タンパク質の研究で、ついに、それがいかにして進化したのかが明らかになろうとしている。

第六章　小さな変化、大きな利益

数十年の間、科学者も世間も一様に、ゲノム――一個体の細胞に含まれるDNAの全塩基配列――の解読で、生物の秘密が解き明かされると考えていた。今では、医療や、その他の生物学が基礎になるテクノロジーの実質的な突破口を開くのには、大規模なタンパク質研究、プロテオミクスこそが、ゲノミクスの次に必要な段階だということがわかっている。残念ながらプロテオミクスは、ゲノミクスよりもっと、もっと難しい。タンパク質はDNAよりも複雑な化学物質で、ほかの分子との相互作用も多く複雑だ。比較的地味なゲノムに比べると、タンパク質は異常に活発な研究対象だ。

クモの糸はタンパク質だ。筋繊維も酵素も各種のホルモンも同じだ。コラーゲン――骨、結合組織、皮膚の主な構造要素――はタンパク質だ。同様に、皮膚、髪、蹄と爪、羽毛の構造要素であるケラチンもタンパク質だ。血液や、リンパ、精液のような動物の体液の主成分、抗体や免疫応答成分も、やはりタンパク質だ。もっとも簡単な形をした生命でさえタンパク質を含んでいる。複雑な形態の生命ほどたくさんの（複雑とは限らない）タンパク質を含んでいる。

タンパク質がつくる生物が進化して、それがタンパク質をつくるので、タンパク質も進化する。共通の祖先生物の子孫である近縁の「系統群」があるのと同じように、共通の祖先タンパク質の子孫である近縁のタンパク質にも系統群がある。クモの糸タンパク質がどのように働くのか、異なったクモの糸タンパク質が互いにどのような関係にあるのかという疑問に、研究者がいずれは答を見いだすだろう。その答が、クモの糸が——それとともにクモが——時を越えてどのようにして進化してきたかを明らかにするだろう。

クモ学者は長い間、最初のクモかそれに近い祖先は、ただ一種類の糸タンパク質しかつくらないと信じていた。そのタンパク質をつくる能力が、子孫たちが複数の、少し変化した糸タンパク質をつくる能力へと進化した。生きている化石のハラフシグモは数種類の異なった糸をつくり、それを穴の内張、卵の保護からしおり糸などのさまざまな仕事に使い回した。タランチュラとほかのトタテグモ類もいろいろな種類の糸をつくり、漏斗状の網や空中の網づくりなど、さまざまな仕事に使い回した。これらの糸はどれも、実質的にほかの糸より便利であるようにはみえない。

ところがフツウクモは、複数の糸を特定の役目に使った。ある糸は卵のクッションに、ほかの糸は卵嚢の保護や餌を包むのにと。大瓶状腺糸を移動のための懸垂下降に、網の枠糸づくりに、ほかの糸を円網で餌を捕らえる渦巻き状の横糸（粘着糸）などに。ある特定の役目に使うために、ある種類の糸をほかの糸に替えることは、滅多になかった。一九九〇年代から盛んになった研究が積み重なってきて、遺伝子の変化でどうして特定の役目をするフツウクモの糸タンパク質ができるようになるのかが言えそうだ。フツウクモの糸タンパク質は、それぞれ化学構造が違っている。糸の型は種ごとに違う。例えば、ある種の大瓶状腺糸は、別の種の大瓶状腺糸と化学的にほんの少し異なっている。とは言っても、大瓶状腺糸タンパク質はすべて、大瓶状腺糸と認められる程度には化学的に似ていて、しかもほかの型の糸とは区別できる。フツウクモの大瓶状腺糸以外の糸にも同じことが言える。

クモ学者もタンパク質科学者も、クモの糸タンパク質のすべてを知っているわけではない。それでも、高性能の糸が出現するようになった道筋を論理的に説明できる程度には知っている。大瓶状腺糸タンパク質は簡単には現れなかった。長い時間をかけて昔のクモの糸タンパク質から進化し、ハラフシグモ類とトタテグモ類がつくる糸と共通の祖先をもっている。偶然の変化で構造が変わったことが、生き残るのに前より有利となったので進化し続けた。プロテオミクスは生物学者が携わる、今もっとも興味深い知的活動かもしれないけれど、糸がどこから来て、どのように組み立てられ、どのように働き、さらになぜ、どのようにして、構造と働きが生じたのかを説明するのには、二、三のそれより簡単な考え方が役に立つ。

タンパク質は遺伝子——ほとんどどんな細胞にもあるDNAの断片——に「指図されている」。遺伝子の化学構造で特定のタンパク質の化学構造がほとんど決まる。タンパク質の進化と遺伝子の進化は、その結果、込み入っていて、自然選択次第でどうにでも動く。遺伝子には、本来、偶然に変異が起こる。この変化で、その遺伝子が指図しているタンパク質に化学的変化が起こることがある。変化した遺伝子に指図を受けているタンパク質が、その生物の生き残りを助けるように働く場合、変化した遺伝子はその生物の子孫へと伝えられるチャンスが増す。変化したタンパク質の働きに環境がずっと有利であり続けると、そのタンパク質とそれを指図する遺伝子は結局種の中に広がることになる。同族のクモの糸タンパク質の一族があれば、その陰には、それぞれ共通の祖先遺伝子から伝わってきた同族の糸遺伝子の一族がある。

糸タンパク質分子は、クモの絹糸腺の内部の細胞でつくられる。その細胞からタンパク質分子は液体として腺の管腔内に分泌される。それから腺の輸送管、さらに出糸突起に密集している出糸管を通って押し出され、引き出される。輸送管の中を通る間に、輸送管の内部細胞によって水が吸収され、出糸管から出て空気に触れたところで固体になるが、分子の構造によっては糸状の液体のままになる。

タンパク質は大きな、たいてい複雑な分子で、アミノ酸と呼ばれる小さな分子が鎖状につながってできている。自然界には百種類以上のアミノ酸がある。すべて中心の炭素原子の周りに四つの原子団が集まっているのが特徴となっている（図20）。四つの原子団のうち、三つはいつも同じだ。四つ目のグループはいろいろで、その違いでアミノ酸の区別がつく。四つ目のグループは原子一個かもしれないが、多数の原子のこともある。このようにアミノ酸分子の大きさがかなり異なるので、ほかのアミノ酸との結合の仕方もさまざまだ。通常、約二十のアミノ酸だけがタンパク質には見られる。このうちの三種類だけ――グリシン、アラニン、セリン――が、昆虫とクモ類のつくる糸をつくりあげている鎖に目立って多い。

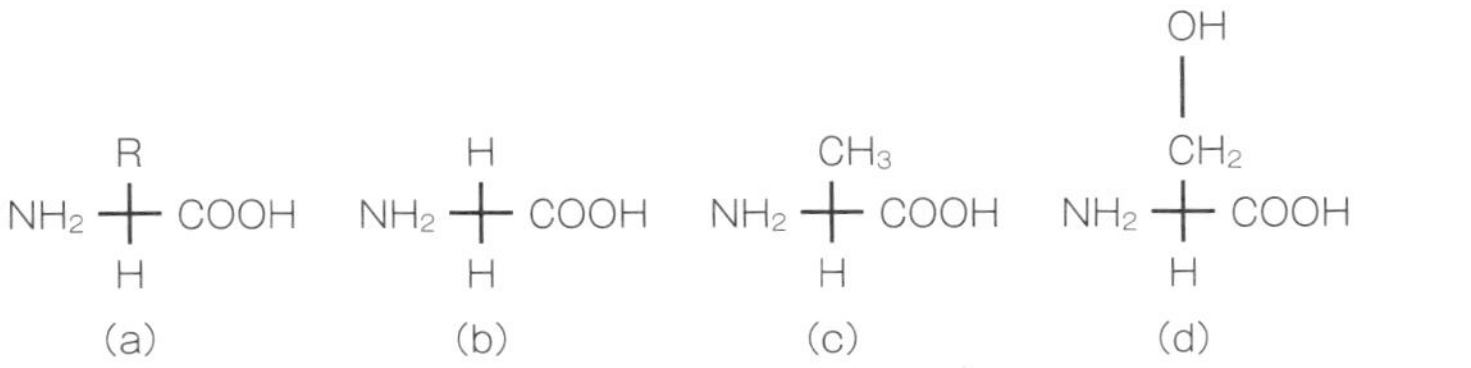

図 20　クモの糸のアミノ酸。どのアミノ酸も、中心の炭素原子の周りに四つの原子団が集まっている。左からアミノ酸の基本構造（a)、絹にもっともよくある三つのアミノ酸、グリシン（b)、アラニン（c)、セリン（d）を現す。Rは任意の原子団を示す（Peter Loftus による作図）

タンパク質ごとにアミノ酸の組合せと並び方が異なる。アミノ酸は、一方のアミノ酸のアミノ基（NH_2）ともう一方のアミノ酸のカルボキシ基（COOH）の間にできる結合によって、直線状に連結している。こう言うと簡単に思えるかもしれないが、タンパク質をつくっているアミノ酸鎖は、教科書の図のようにすべてのアミノ酸が順序よく並んで静止しているわけではない。綱をにぎって並んでいる六歳児の監督者が突然いなくなってしまったときのように、アミノ酸がつながった鎖は、前後、上下にがたがた動いて、ぶるぶると振動を続ける。鎖の中で原子はそれぞれ互いに引き合ったり反発し、鎖の周りの水とも、さまざまに引っ張り合ったり反発し合ったりする（鎖を製造する細胞は、どんな細胞でも水を含み、タンパク質が通って行く細胞の間の部分も、糸タンパク質などがいずれはさらされる空気も、すべて水を含む)。原子同士の、また原子と水との間での押したり引いたりで、鎖はよじれ、らせん形となったり、重なった層となったり、折れ曲がったり、離れたところともつれあったりする。糸タンパク質分子は、だいたい千から五千以上のアミノ酸の長さになるので、もつれる余地は十分ある。鎖の中のあるアミノ酸が近くのアミノ酸にはねつけられて、離れたところのアミノ酸に引きつけられると輪ができる。アミノ酸が水にはねつけられると、鎖がねじれて結び目ができることもある。その際、水を寄せつけないアミノ酸は水から逃れて内側に、水に引きつけられるほかのアミノ酸は外側になるよう、鎖はねじられ、曲げられる。アミノ酸の配列が異なれば、異なった三次元構造のタンパク質ができる。

タンパク質の構造が違えば、タンパク質の働きも変わってくる。これを視覚化するには、長い一筋の紐を思い浮かべればよい。さまざまな力に逆らって、空間の広さにあわせて、目的によって役に立つように、解き放たれているか、一種類の結び目が繰り返してあるか、いろいろな結び目で結びつけられているか、緩く編まれているかきつい網目に編まれているかによって、紐は異なった姿を見せる。タンパク質分子も似たように見える。水っぽい、卵白のような流動性のタンパク質と、ムラサキイガイを岩に繋ぎとめている堅い弾力性のあるタンパク質とでは構造が異なる。

大瓶状腺糸の構造は、すばらしい引っ張り強さ——千切れるまで、大きな引っ張り応力に耐える能力——を生む。引っ張り強さが大きいことで、大瓶状腺糸は、クモが突然下降したり、糸をすばやく登って戻ってくるのに耐えられる。フツウクモの網の枠糸が、網の重量を支えることができるようにもする。大瓶状腺糸の中には、ケブラー（「同じ重さでは鋼鉄より五倍も強い」と宣伝している合成繊維）と同じくらい強いのもある。ケブラーのような強い合成繊維をつくるのには石炭か石油から取る原料が要るし、毒性の強い溶媒や高温が必要だ。それに引き替え、クモは餌を代謝して、大瓶状腺糸を常温でつくる。ケブラーと違って、クモの糸はリサイクルできるし、生分解性でもある。

クモの糸の中でも、なぜ特に、大瓶状腺糸が科学者からの注目を集め続けたのか——豊富な研究助成金を得たのかを、この性質で説明できる。タンパク質の秘密を明らかにするのは費用のかかる研究だ。それが、ハラフシグモとトタテグモがつくる弱い糸の研究が、工業的利益を約束する大瓶状腺糸や、ほかの高性能のフツウクモの糸タンパク質研究の後塵を拝する理由だ。例えば、大瓶状腺糸を合成できたら、流失しても海で安全に分解する漁業用の網、極薄で超強力な絆創膏や包帯、現在、車や家具や衣類に使われているプラスチックや繊維などの「環境に優しい」代替物をつくることができる。合成でクモの糸を大量につくるという探求の旅は、タンパク質持ち前の複雑さの故に、長い。大瓶状腺糸について知れば知るほど、それは優れたものということがわかる。

糸タンパク質の働きの差は、そのアミノ酸配列に根拠がある。アミノ酸配列を研究するタンパク質科学者は、英語の大文字一字でそれぞれのアミノ酸を表すという略記法を使う。糸タンパク質のアミノ酸配列には、反復と呼ばれている、短い繰返し部分がある。配列すべてを書き上げずに反復配列のみを書くことが多い。もし、略記法で全配列がGAGGYGAGGYGAGGYだとしたら、反復はGAGGYとなる。この略記法を使えば、アミノ酸配列の中に何か意味のあるパターンがあるかどうかわかりやすいし、いろいろなタンパク質の類似点や相違点がわかる。

大瓶状腺糸の研究者は、黄金の円網をつくることでよく知られているジョロウグモ属（*Nephila*）のクモに目をつけた。温暖な気候なら世界中どこにでもいて、円網をつくるクモとしては最も大型で、体長二・五センチメートルほどにもなるクモだ。ときには直径一メートルを超える巨大な円網を

アメリカジョロウグモ MaSp1

GGAGQGGYGGLGXQGAGRGGQGAGAAAAAA

マダガスカルジョロウグモ MaSp1

GGAGQGGYGGLGSQGAGRGGYGGQGAGAAAAAA

図 21　二種のジョロウグモの大瓶状腺糸タンパク質のアミノ酸配列。四角で囲んだアラニン（A）の連続と、波線を下に付けた短い配列が糸の強靭さの原因になっている。A：アラニン、G：グリシン、L：ロイシン、Q：グルタミン、R：アルギニン、S：セリン、X：他の任意のアミノ酸、Y：チロシン（配列は Gatesy *et al.*, "Extreme Diversity," 2605 による）

張る。大きくて重い網を支え、高速で飛ぶ昆虫（ハチドリさえも）の衝撃にも壊れないためには、大瓶状腺糸は非常に強靭でなくてはならない（前に述べたように、強靭さは、引っ張り強さと弾力性の組合せである）。実験室での試験では、まさにその通りだということが確認された。この糸は、ケブラーより丈夫なだけでなく弾力性がある。ジョロウグモの大瓶状腺糸が研究者を引きつけたのは、クモがそれを大量につくるので、試料を大量に集めやすいからだ。

ジョロウグモの大瓶状腺糸は一種類のタンパク質だと、科学者は信じていた。ところが実は、一つが主に引っ張り強さの、もう一つが主に弾力性の原因となる、少なくとも二種類の似たタンパク質からできているのだ。最初のタンパク質は、大瓶状スピドロイン1（MaSp 1）と呼ばれている。

図21に、二種類のジョロウグモから採ったMaSp 1のアミノ酸配列の中の反復配列を示してある。それほど強靭でないクモのいろいろな糸タンパク質に比べて反復は短く、それ以外のアミノ酸が少ない。糸タンパク質の配列のように、短い反復配列

が長く続くということは、その配列には反復が多いということになる。その配列は、内部に本質的規則正しさがあるということなのだ。反復が多くてアミノ酸の種類が少ないほど、アミノ酸の中の原子が反復して、互いに結合して規則的に並ぶチャンスが多くなる。

MaSp 1の特徴は、アミノ酸の反復配列が短いというだけではない。内部に反復が多い。例えばGGXという「要素（モチーフ）」は何回も繰り返し現れる。ときには、グリシン―グリシン―アラニンとして、またグリシン―グリシン―チロシンなどなど。GGXという要素が、MaSp 1の分子の中で正確にどのような三次元構造をつくりだす要素になるのかは、わかっていない。同じ要素は別のクモの大瓶状腺糸にしばしば現れるだけでなく、ほかの強靭なタンパク質、大瓶状腺糸の後で進化したある種の円網糸とか、カイコの絹、貝類が殻を閉じたり、殻を何かにくっつけたりするのに使ういろいろなタンパク質にも現れる。それでタンパク質研究者は、GGXは強靭さに関係する部分構造に役立っているという仮説を立てている。

研究者は、MaSp 1のほかの要素がつくりだす独特の三次元構造の形を知ってはいる。例えば、アラニンの繰返し（AAA…）とグリシン―アラニン（GA）という要素がどちらもβシートと呼ばれている部分構造をつくるらしい。βシートは、β鎖からできる。β鎖はアミノ酸がほぼまっすぐにつながった短いアミノ酸鎖の区分で、これが横に並んでアミノ酸でできた織物のようになる。グリシンもアラニンも小さいアミノ酸なので、隣り合っても原子の大きな塊が突き出ることはないので、アラニンまたはグリシン―アラニンが繰り返し並ぶβ鎖はぎっしりと詰まる。これらのシートは、次に、

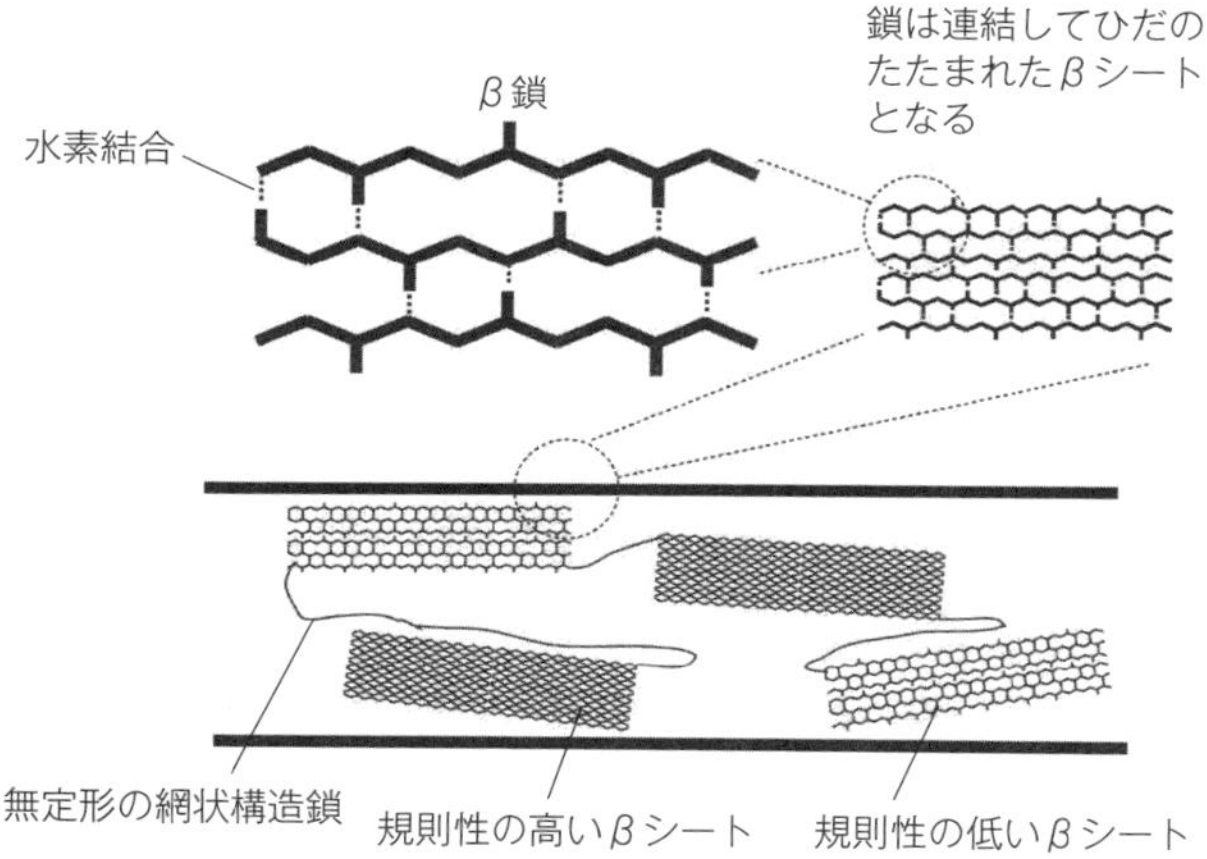

図 22　βシート。βシートがあるので、大瓶状腺糸に強靭さと弾力性が備わっている。アミノ酸がいくつかつながっているβ鎖は、並ぶとまっすぐに伸ばされる。それが横にくっ付きあってβシートとなることがある。そのシートの間には規則的な構造を取らない部分が挟まれている（Peter Loftus による作図）

層をなして積み上げられるのだろう（図22）。β鎖の中で原子が固定されていれば、タンパク質は壊れにくくなる。積み重なったβシートの各層は、横滑りするので、タンパク質分子は伸び縮みもできる。糸が押されたり引っ張られたりすると、切れることなく少ししなう。この感じを掴むのには、トランプカードが一枚のβシートだと考えてみるとよい。まず、カードがきちんと重なっているとする。カードは一枚ずつ上下に少量の糊で軽くくっ付いているので、カードは一ミリくらいなら滑ることができる。積み上げたもの全体はかなり強く――崩れたり、ばらばらになったりしない。それでもカードを引っ張ってずらすと、全体は一枚のカードの長さよりかなり長く引き伸ばされる。タンパク質の中でβ

S AAA G AA SSASAS AAA SAFSSAFISALLGFSQFNSV
FGSITSASLGLGI AA NAVQSGLASLGLG AAA S AAA S
AVANAGLNGSGSYAYATAIASAIGNALLGAGFLTAGNA
SQI AA SVASAVASSAS AAAAA SSS AAAA GASS AA
G AA SSSSTTTTTSTSSS AAAAAAAAAA SASGASSA
S AAA SAS AAA SAFSSALISDLLGIGVFGNTFGSIGSA
S AA SSIAS AAA Q AA LSGLGLSYLASAGASAVASAVAG
VGVGAGAYAYAYAIANAFASILANTGLLSVSS AA SVAS
SVASAIATSVSSSS AAAAA SAS AAAAA SAS AA SSAS
ASSSAS AAAAA GA

図23 トタテグモの糸タンパク質のアミノ酸配列。図21の MaSp 1 の反復配列より約10倍もあるこの反復配列に注目
（配列は Gatesy et al., "Extreme Diversity," 2605 による）

シートも同じようにふるまう。

βシートなどのタンパク質の部分構造はとても小さくて、それを構成している原子にある電子から跳ね返ってくるX線の映像でしか見られない。一センチメートルの大瓶状腺糸には何十万もの小さな展延剤があり、その、すべてがアミノ酸鎖が引っ張られるのに対して柔軟性で応えようとする。

トタテグモの糸タンパク質のアミノ酸配列から、MaSp 1 の反復配列が重要なことがよく理解できる（図23）。トタテグモの反復配列は、MaSp 1 の反復配列の長さの十倍はあり、主な反復配列の中に内部反復配列はほんの少ししかない。そのため絹糸腺の中で糸タンパク質ができるときに、分子がよじれたりねじれたりすると、アミノ酸の間に連結がつくられ、不規則な形になる。連結が不規則になりすぎると、トタテグモの糸は、大瓶状腺糸ほど強靭でなくなるはずだ。まさにその通り。トタテグモ下目のクモは糸一本ではぶら下がれない。フツウクモはできる。トタテグモの糸の反復配列は長いかもしれないが、それでも一種の反復配列で、いろいろな内部反復配列——例えば、アミノ酸アラニンのま

とまり——をもっている。このトタテグモの糸は、大瓶状腺糸ほど丈夫でも強靭でもない。それでも、それでつくった漏斗状の網は、餌を衰えさせられる程度には丈夫で強靭だ。

このやや弱い——が、申し分なく能力のある——トタテグモの糸の強さは、大瓶状腺糸の並外れた性質の徴候を示した。大瓶状腺糸タンパク質はトタテグモの糸タンパク質から進化したのでもないし、トタテグモ類はフツウクモ類の祖先でもない。両者は共通の祖先の子孫で、両タンパク質ともこの共通の祖先がつくった祖先タンパク質（少なくとも二億四千万年前にトタテグモ類とフツウクモ類が分かれる前のクモがつくったタンパク質）の子孫なのだ。トタテグモの糸の使い方が特殊化していないとすれば——生きている化石のハラフシグモの特殊化していない糸の使い方と似ていて、多分今生きているクモの共通の祖先による特殊化していない糸の使い方と同じように——共通の祖先タンパク質は、きっと大瓶状腺糸の配列よりもトタテグモの糸の配列に近かっただろう。

図21に示されたMaSp 1のアミノ酸配列を書けと言われたとする。タイプライターは使えない。その代わりに、図23のトタテグモのアミノ酸配列を書いた紙と鋏と糊を与えられ、コピー機が使える。これらの道具があれば、仕事は、単調で退屈だとしても、かなり簡単だ。トタテグモのアミノ酸配列を切り取って、ほかのどれかと重ね合わせればよいだけだ。遺伝学の発見で、これは、自然選択で進化する過程で、タンパク質を指図する遺伝子に起こったこととほぼ同じだということが明らかになった。

遺伝子はＤＮＡの一部分だ。一匹のクモの全身は細胞でできていて、細胞はすべて同じＤＮＡを含む。DNAは二つの重要な働きをする。一つは、両親の身体的特質と行動の天賦の資質を次の世代に渡すこと。そしてもう一つは、一個体の細胞によってつくられるあらゆるタンパク質構築の指令書となることだ。

DNAはヌクレオチドと呼ばれる化学物質を含む。ヌクレオチドは塩基という基本単位をその中に含む。塩基は四種類ある：アデニン（A）、グアニン（G）、シトシン（C）とチミン（T）（これらの略記号をアミノ酸と混同してはならない。DNAではAは塩基のアデニンを表すが、タンパク質ではアミノ酸のアラニンを表す。これらは種類の違う分子だ）。一個の生物のDNAは（ヒトの場合）三十億塩基対の長さがある。二本鎖の片側にある塩基がそれぞれ、もう一方の側の塩基と対をつくって結合している。遺伝子はどれも塩基が数千つながったくらいの長さだ。DNAの塩基配列順によって、結合したときタンパク質ができるようにアミノ酸の配列順が決められる――遺伝子の指令書に従ってどのアミノ酸をどういう順に並べてつなぎ合わせるかが決まる。実際にアミノ線を並べ、つなぎ合わせるときには、メッセンジャー（伝令）RNAおよびトランスファー（転移）RNAという分子が必要となる。

タンパク質に指令を出すとき、DNAは「トリプレット（三つ組み塩基）」を使う。遺伝子上に並んだ三つの塩基の組がコドンと呼ばれている暗号で、これが手がかりとなってタンパク質の構成要素となるアミノ酸に翻訳される（図24）。例えば、GGAはグリシンを指し、GCAはアラニンを指す。遺伝子の塩基配列がGGAGCAだと、アミノ酸配列は、グリシン―アラニン（GA）となる。異

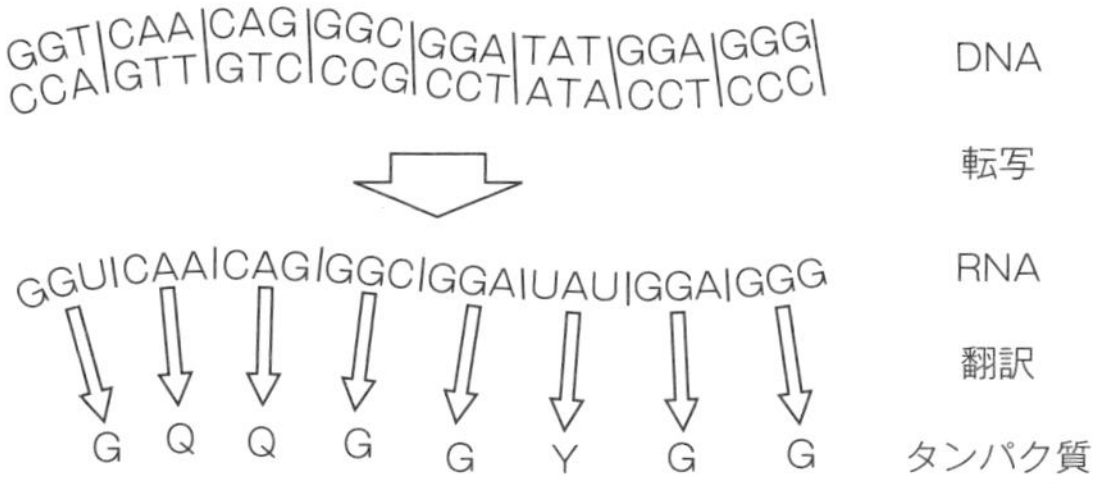

図24　DNAのトリプレット暗号(コドン)。DNA上で隣り合って並んでいる三つの塩基が一つの単位（コドン）となって、特定のアミノ酸が指定される。タンパク質合成で、遺伝子の命令通りにアミノ酸が結合する過程には RNA が関与している（Peter Loftus による作図）

なったトリプレットが同じアミノ酸を指すこともある。例えば、ＧＧＡ、ＧＧＧ、ＧＧＴ、ＧＧＣはすべてグリシンを指定する。

　糸タンパク質が進化するためには――つまり、クモが革新的な糸を生産して、その糸を子孫が生産し続けるようになるためには――糸遺伝子に変化が起こって、その変化がそれ以降の世代の遺伝子の中にずっと存在し続けなくてはならない。糸遺伝子の変化は個々のクモの一生の間にしばしば起こる。ほかの体細胞のように、絹糸腺の細胞は全く同じ二つの細胞に分裂しては新しくなる。細胞が分裂するとき、元の細胞のＤＮＡが元の塩基配列を（新しい細胞に一つずつ）二つ複製する鋳型として使われるときに、複写の「間違い」がよく起こる。新しいＤＮＡ分子ができるとき、ほとんどの間違いをタンパク質が校正する仕組みがある。それをすり抜ける間違いが残る。実質的な変化が起こらない間違いもある。元のＧＧＡトリプレットがＧＧＧと複写されても、その遺伝子は依然としてその場所にグリシンを指定するはずだ。クモが機能的な糸タンパク質をつくる能力を損なうような間違いもあるだろう。糸の働きを良くすることもあるだろう。

絹糸腺の細胞に生じたDNAの変化が糸の進化に重要だったことはまずない。絹糸腺の細胞も、その中に含まれるDNAも、クモの両親から子グモに伝えられないからだ。クモが成長してから前より強い糸をつくり始めても、クモの糸の進化には影響はない。進化に重要なDNAの変化は、クモが生殖過程で性細胞を作るときに起こる。子グモの糸遺伝子は、有性生殖生物の遺伝子すべてと同じように、両親の卵と精子の細胞のDNAの組合せから生まれる。精子と卵の細胞ができて、卵のDNAと精子のDNAが結合して子グモのDNAができるとき、「正常な」クモ遺伝子の塩基の並び方が変わる機会は多い。これが、自然選択に欠くことのできない変化の始まりだ。

卵と精子は「生殖」細胞から生ずる。生殖細胞はクモの身体のほかのすべての細胞同様、同じDNAをもち、同じDNAは同じ数の染色体に分かれている。「性染色体」――クモの性別を決めている染色体――以外の染色体は、すべて対になって存在している。それぞれ、クモの母親からとクモの父親からの染色体が対になっている。

生物の種によって特有の数の染色体が、細胞にはある（染色体の数は、クモの種類によって二十から三十の範囲にある）。この規則に反するのは精子と卵で、普通はこの特有の数の半分しかない。全部の数をもってそのまま両者が結合し、DNAの数を半分にする機構がなかったら、世代ごとに染色体の数は倍になってしまう。生殖細胞は――どれもほかの体細胞同様、染色体の数は同じ――親の生殖細胞の染色体の半数をもつ四つの卵細胞あるいは精子細胞になる。

まず、生殖細胞の染色体がすべて複写される。つまり、生殖細胞の全DNA二重らせんが複写、複製されるので、生殖細胞はほかの体細胞と同じようにDNA量は二倍、染色体数も二倍になる。紙の上では、CはGとのみ、AはTとのみ結合して、それぞれ逆もまた同じで、DNAのC、G、A、Tが順序正しく複製されることは間違えようがないように思える。二重鎖は複製するためには、相手のGからCを、相手のTからAを切り離して、真ん中から分かれなくてはならない。すると細胞内で自由に動き回っているC、G、A、Tが相補的な塩基に結合する。新しいCは失われたCに置き換わり、新しいGは欠けているGに置き換わり……それまで一本だったDNA鎖が新しい二重らせんになる。

これが教科書の中で起こることだ。原子がひしめく現実世界では、その過程は決してそのように簡単ではない。紙の上では、DNA二重らせんはなめらかなコイルのように見えるが、現実には少しよじれている。異なった塩基の間では、引っ張る力は同じでなく、しかも塩基によって大きさが少し異なる。つまり、並んでいる塩基の一部は、ほかの部分とは少しひねり方が違ってくるということだ。ひねり方や原子間の引力が違うと、細胞内の特定のタンパク質が行う複写と校正の過程に影響することがある。複製の間、DNA鎖に沿って動く細胞の機械装置が、すべてに規則を守らせようとして、ときどきたたらを踏んだり前へ踏み外したり、たじろいだりする。さらに、片方のDNA鎖に沿って並んでいる塩基が複製の間に露出されると、塩基間に働く正常な引力で鎖が折り返されるかもしれない。そこで、例えば、A―T―Cの部分がずっと離れたところのT―A―Gと結合するかもしれな

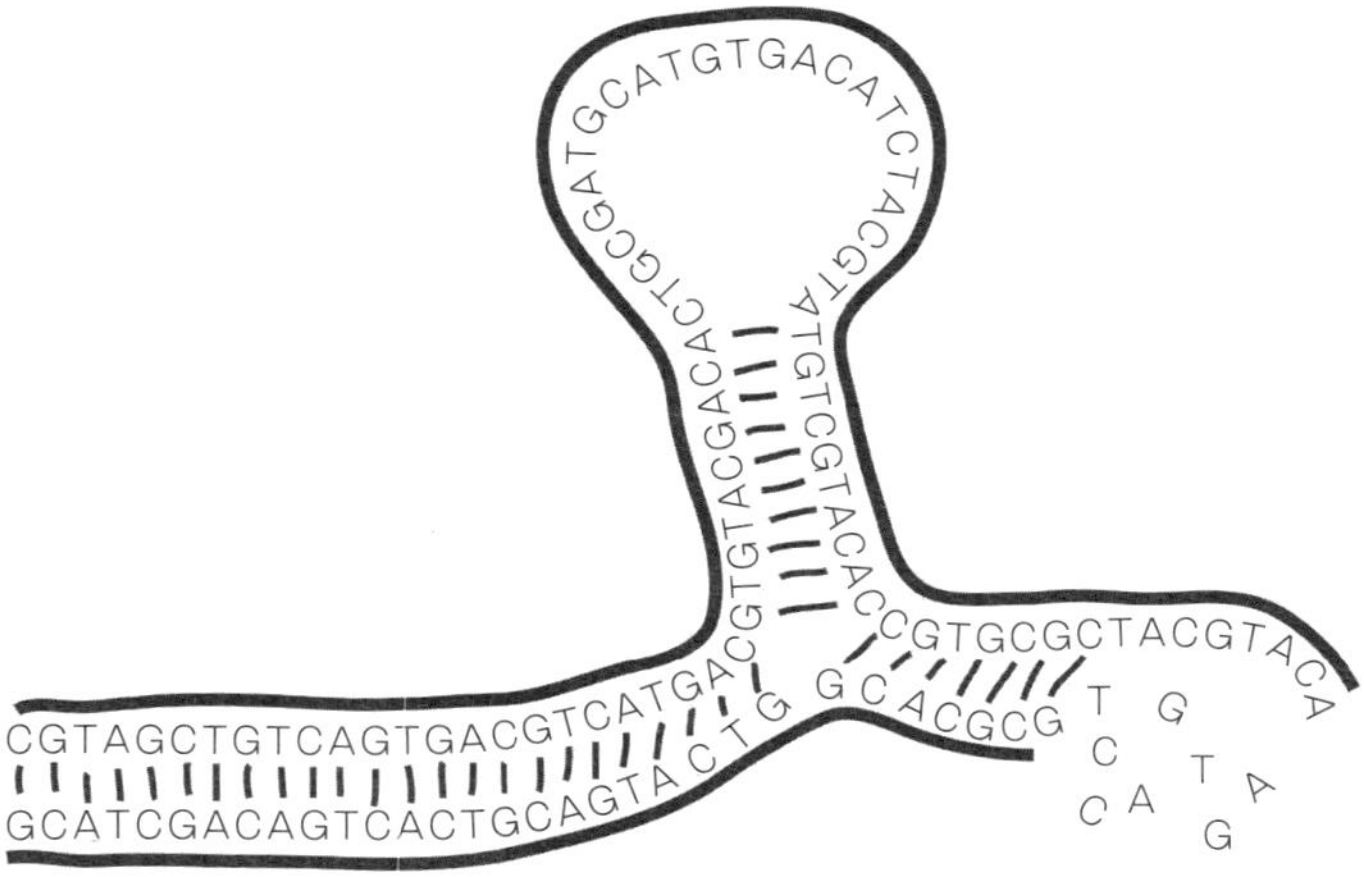

図 25　DNA 複写のときに起こる間違い。DNA 複写のときに起こる間違いの元となるのが「ヘアピン」だ。DNA の二重らせんがほどけて分かれるとき、配列の一部が離れたところの配列と対形成してしまうことがある。これが塩基の輪となってはみ出し、新しい DNA には結合する相手の塩基がないところができる。その結果新しくできる二本鎖のうちの一本は、完全な複写ではなくなる（Peter Loftus による作図）

い。間違って結合した塩基の間に挟まれた塩基は輪になってはみだし、ヘアピン状の折り返しのようになって複写されないまま残る（図25）。ヘアピン内の塩基は複写過程が始まる前に切り取られてしまうかもしれない。これも複写ミスの一種だ。ほかには、必要以上に塩基の複写が起こることがある。

　二重らせんが複写されると、生殖細胞には母から受け継いだ染色体と父から受け継いだ染色体、二つの複写ができる。この複写には、正しいものと、複製の誤りから来る些細な変化があるものと、重大な変化のあるものとがある。この複製染色体は近くに並んでいる。一緒にいる間に、交叉と呼ばれる、DNA小片の切断、交換、接着がほとんどいつも起こる

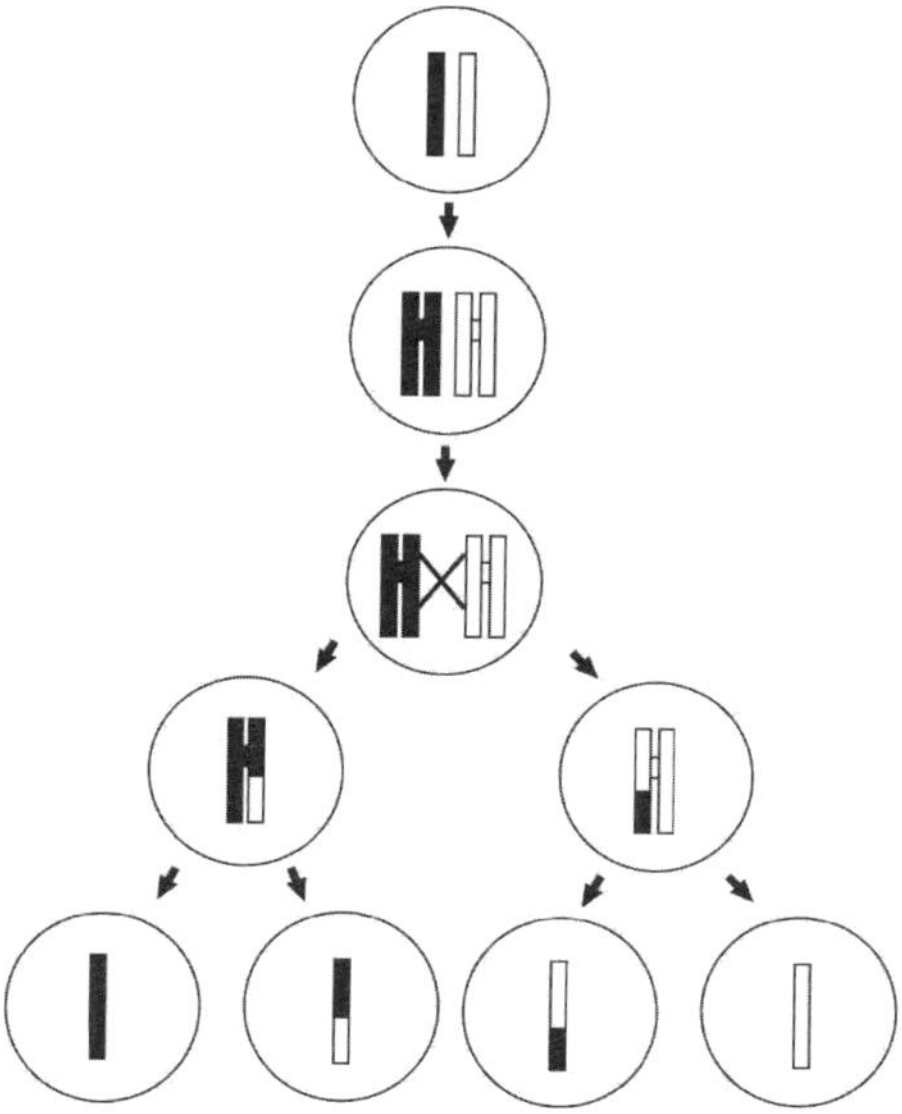

図 26　減数分裂：1 個の生殖細胞は 4 個の卵または 4 個の精子になる。減数分裂の間に、染色体は交叉と呼ばれる過程で DNA の一部を交換する。その結果、卵または精子に遺伝的変異が起こる（Peter Loftus により T. Ashley, "Meiosis Primer"（2000）、に従って作図）

（図26）。たいていの場合は遺伝物質のほとんど対等な組換えで、遺伝子断片のほんの少しの入れ替えのこともあれば、遺伝子丸ごとの交換のこともある。ほんの少しの交換は、同じ種の個体間に通常見られる「正常の」範囲の変異となる。これらは、クモが子孫を残す確率の点から見ると、少しの利益もしくは不利益を与える身体能力のわずかな違いになると思われる。

交叉が、ＤＮＡの塩基配列に大きな変化をもたらすこともある。一対の染色体が切断されたきり、どこにも接着で

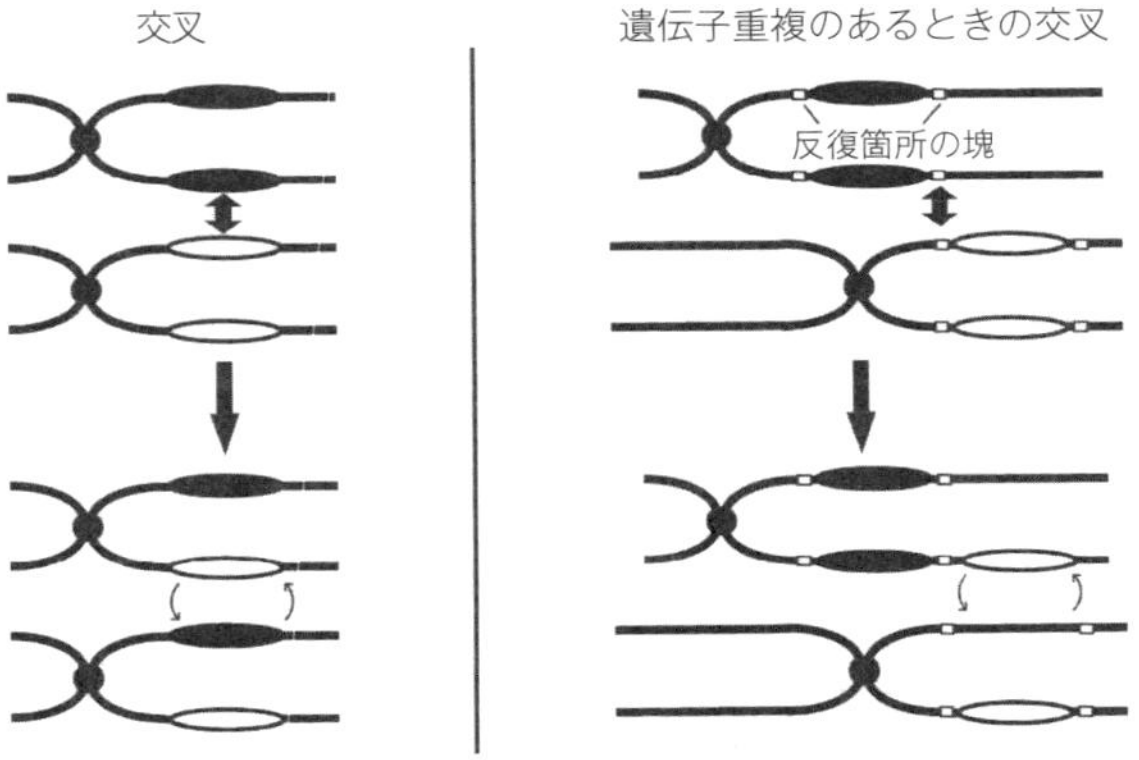

図 27　交叉のときに起こる遺伝子複写の間違い。通常の交叉では（左）、片方の染色体上の DNA の一部が対合している染色体の同じ場所と入れ替わる。しかし反復配列があると（右）、対になっている染色体が交叉のときに間違った並び方をすることがある。その結果、一方の染色体は反復遺伝子が二つになり、もう一方の染色体には一つ遺伝子が足りなくなる（Peter Loftus により Holmes, “Great Inventors,” fig. 2 に従って作図）

きず、かなりの数の塩基が失われることもある。そうなるとその染色体は元の遺伝子より塩基配列が短い遺伝子をもつ。ときには、一対の染色体からの断片が接着するときに向きが逆転することもある。そうなると、その染色体では、遺伝子の塩基配列の一部が逆になる。ときには、断片は第二の染色体のとんでもないところとか、別の対の染色体に移動する。その結果、起点と終着点となった染色体両方が、置き間違えられた配列の大きな断片をもつことになる。さらにときには、重複と呼ばれる過程で、ある反復配列の単位が同じ反復配列の単位を取り違えて、対となるべき染色体が間違った並びかたをしてしまうことがあると、不均等な交換が起こる。すると、一方の染色体には二倍の配列ができ、もう一方には配列が欠損する（図27）。

交叉が終わると、対になった染色体は分かれて細胞は分裂する。以前は一つだった細胞が二つになる。二つの細胞にはいずれもクモに特有の数の染色体がある。生殖細胞以外の分裂と違って、二つの新しい細胞のそれぞれの染色体は同じでない。交叉の間に起こったＤＮＡのやり取りで元の生殖細胞の染色体とも違う。

これらの細胞はそれから再び分裂して、それぞれ特有の数の染色体の半数をもつ四つの細胞になる。これらが卵細胞または精子細胞なのだ。卵細胞と精子細胞一個ずつが結合してクモの胚になると——クモには限らないが——それは両親から特有の染色体の数とＤＮＡの情報を受け継いでいる。

遺伝子が変われば、できてくるタンパク質も変わるはずだ。鋏とコピー機と糊で、図23に示したトタテグモの反復配列のような、長くて無秩序な糸タンパク質のアミノ酸配列の反復を、図21に示したもっとずっと短い、反復の多い、秩序のある MaSp 1 の反復へと変えるのがいかに簡単かわかる。しかし、生殖細胞から卵細胞へ、あるいは生殖細胞から精子細胞への過程で起こりうる遺伝子の変化で、同じようなことをなし遂げられるだろうか？

少し考えれば、それは非常にありそうだということがわかるだろう。自然に起こる配列の進化は、もっとでたらめで、気まぐれで、鋏とコピー機と糊による進化過程よりずっと遅いけれど。クモの場合、その過程は何億年、何億世代にもわたって起こり、何百万という生殖細胞が世代ごとに分裂を行ってきた。クモの糸の遺伝子に小さな変化が起こって蓄積するチャンスは何十億回もあった。そういう遺伝子の小さな変化が絹の強靭さを増し、それがクモに安全なところに引っ込んで、捕食者から逃げる方法を見つけるチャンスを増やし——たといほんのわずかでも——続く世代へと進むチャンスとなっただろう。

複製または交叉による間違いが起こって、そのまま続くと、雪だるま式に間違いが増大することが遺伝学の研究でわかった。短いDNA塩基配列の反復——タンパク質のアミノ酸配列の反復になる——は、さらに反復を増やす。特定の塩基配列のところで起こる複製間違いの割合は、ほかの配列に起こる間違いの率より一万倍も大きいことがある。間違いの起こりやすい配列は、一種類の塩基の繰返し（CCCのような）とか塩基の組合せが繰り返す配列（CAGCAGなど）のような部分を含む。こういうところを、遺伝的または突然変異のホットスポットと呼ぶ(1)。

一種類の塩基の繰返しも、塩基の組合せが繰り返す配列も、複製のとき複写や校正の機構を混乱させると同時に、交叉のときに働く機構をも混乱させるらしい。例えば、Gが三つ並んでいると、Gが五つ並んだ配列と混同されることがある。その結果、交叉のときにGが余計入ってしまうことになりかねない。配列中に繰返しがあると、反復が増えるようになるような間違いを引き起こすらしい。

タンパク質にアミノ酸の反復があるということは、それに指令を出す遺伝子の塩基配列に反復があるということになる。例えば、糸タンパク質のアミノ酸配列にアラニンが二つ（AA）——トタテグモのタンパク質にある配列——のように並んでいると、遺伝子のGCGGCCという塩基配列に指令されたのかもしれない。遺伝子上のGとCの繰返しは、タンパク質ではアラニンの繰返しが長くなるという間違いになる。クモの糸は、一種類のアミノ酸の繰返し（AAAAのような）と特定のアミノ酸の組合せの繰返し（GGYGGLのような）で、丈夫で、弾力性が増してゆく。もともと変異のホットスポットで起りやすかった「反復」という間違えは、自然選択でさらに選ばれやすくなるだろう。

大瓶状腺糸タンパク質のMaSp 1のような高性能のタンパク質が、トタテグモの糸のような、それほどきちんとしてもいない、丈夫でも強靭でもない糸からどのようにして進化できたかを、DNA複製と交叉の過程でよく説明できる。二つの糸が共通の祖先からの伝来という証拠に注目しないわけにはゆかないが、間接的である。糸タンパク質が共通の祖先からの改変が遺伝したというもっと直接的な証拠がある。タンパク質分子鎖にはすべて、糸タンパク質にも、アミノ末端（N端）とカルボキシ末端（C端）と呼ばれる二つの端末がある。トタテグモの反復配列とMaSp 1の反復配列を比べると、異なった型の糸タンパク質の中間部分は二つとも非常に異なっていて、この違いが異なった性質の糸をつくりだしていることがわかる。しかし、これまでに調べられたクモの糸タンパク質分子のN端とC端は互いによく似ている。偶然と言うには似ていすぎる。遠縁のクモの種類の違う糸でさえも端末は似ている。そのうえ、クモの糸タンパク質のN端とC端を、ほかの糸でないクモのタンパク質のN端とC端と取り違えるようなことはないだろう。(2)

異なったタンパク質のアミノ酸配列または遺伝子の塩基配列を並べて見たとき、非常に似ていたら、それは保存配列と呼ばれる。保存配列は、二つ以上の異なったタンパク質または遺伝子が同じフアミリーに属し、共通の祖先をもつことを示す。曾、曾、曾、曾、曾祖父の姓が四代も五代も離れて大勢の従兄弟たちに現れるようなものだ。保存配列は多くの場合、生き残りに非常に重要な機能に大いに役立つ。配列が大きく変わった個体が生きのび優勢になるのなら、この配列は続く世代に受け継がれることはない。ということは、この配列のどんな変化も、生物の生き残りの可能性を徐々に害する傾向があることを意味する。

クモの糸タンパク質のN端とC端がともに似ていることと、タンパク質の中間部分が多様化していることの両方を矛盾なく説明しようとすると、「タンパク質の指図をする遺伝子が共通の祖先をもち、しかも機能の特殊化が有利な環境の下で、自然選択により遺伝子の分化が進んだ」ということになる。トタテグモとフツウクモが、少なくとも二億四千万年前に異なった進化の方向へ向かう前は、共通の祖先には小数の非常に近い「兄弟」糸遺伝子があったということは確かだ。生きている化石のハラフシグモは、この分岐の少なくとも一億年前にはハラフシグモと認められる姿で存在していて、多数の異なった特殊化されていない糸タンパク質をつくっていたのだから、この結論は驚くにあたらない。ハラフシグモはすべて、歩いた後に糸タンパク質のしおり糸を残す。このしおり糸を残すというのは、糸タンパク質が発揮した最古の、もっとも単純な機能だろう。穴に戻る道しるべだったかもしれず、相手を誘惑するためフェロモンを少し垂らしたセックスアピールとなったのかもしれない。将来、ハラフシグモとトタテグモの糸タンパク質のもつれをほどいて、フツウクモの糸タンパク質と比べられれば、大瓶状腺糸の究極の起源についてもっとよくわかるだろう。

とにかく、クモの糸の進化の一般的な様式は明らかになった。世代を重ねながら、非常に重要なN端とC端を決める祖先のクモの糸遺伝子の部分は、初めにできたものと近いまま残ったので、後の世代のクモは確かな性能の糸をつくれた。だがクモの糸遺伝子の中間部分は変化する機会があって、自然選択を通して、機能の特殊化が生まれた。さまざまに特殊化された糸が多数進化でできたので、フツウクモはさらにさまざまな好機を好きなように利用できた。トタテグモの糸は、穴の内張りをするのに、しっかり固定された漏斗状の巣をつくるのに、またささやかな空中の網を吊るすのに十分強く、粘着力があった。フツウクモの糸に起こった変化によって、クモは空中を制することができたのである。

第七章　回転し、走り、跳び、泳ぐ

生物学者以外は、円網がクモの糸の進化の頂点と考えがちだ。人間は直立する。そこで、飛翔昆虫——円網が捕らえる昆虫——が、中でも我々の注意を引く。しかし目や耳の届かない地面や植物の表面のほうにむしろ、たくさんの昆虫や小さな節足動物が群がっている。進化の結果、大瓶状腺糸ができてからは、ほかの生物と争うことなく空中に進出できる機会がクモには多くなった。エボシグモより後から進化したフツウクモは、必ずしも、吊るした網や、ランプの笠形の三次元の網を一層精巧にして、もっと効率の良い網をつくりだそうとはしなかった。その代わり、多くのフツウクモは大瓶状腺糸を使って、大瓶状腺糸をつくれないトタテグモがつくる網に似たような形の網をつくった。網を全くつくらないのも多かった。大瓶状腺糸でクモは円網を吊れるようになった。しかしそういうことは、単に、糸を材料にして住み処をつくらないでもすむようにする道具であるとクモはみただけなのかもしれない。

フツウクモの系統には約三万八千の種がある。これはハラフシグモとトタテグモを合わせた数の約十四倍はある。そのような多様性が生まれたことは、大瓶状腺糸がクモに生き残り続ける新しい機会を与えた証拠だ。三万八千種類のフツウクモのうち、約一万一千種類だけが、大瓶状腺糸より後にできた糸で実用的な垂直円網をつくる。残りの二万七千のフツウクモの種は実用的な垂直円網をつくる能力がなく、さまざまな環境へ広がるのに大瓶状腺糸を使った。

七百種以上のフツウクモは、穴の中や地面の割れ目、石の間や下、木の幹の突き出た部分の下に住む。家の壁や玄関の天井板や屋根板の割れ目にも潜り込み、居住者の目を引く糸の装飾——歓迎されないことが多いが——を提供する。扉もなく、何本もしおり糸を放射していて、これらの隠れ家は、たくさん地上にも見つかるが、ハラフシグモの巣穴の名残だ。空中に浮いた網をつくるフツウクモ類もいるが、均斉の取れた円網のようではない。ランプの笠形の網ほどにも均斉が取れていない（図28）。それでも、飛翔昆虫も含めて、いろいろな餌をクモが捕まえるのに役立つ。

一千種のユウレイグモ科のクモ——穴蔵グモ（cellar spider）とか足長おじさん（daddy longlegs）として知られる——は、シート状の網か、いいかげんな、くしゃくしゃの網を石の下や家の暗い隅につくる。ユウレイグモは、脅かされたと感じると網を素早く震動させる。それは捕食者をまごつかせるだろう。こういう華奢なクモが近くに住んでいると、それを特に危険と思う人が多い。ある都市伝説によると、人間を噛むのには牙は短すぎるのに、彼らの毒は致死的だということになっている。実際は、反対なのだ。ある大きなユウレイグモの牙は皮膚を刺し通すこともあるが、ユウレイグモが人間を噛むことは滅多にない。噛まれるとひりひりするが、その程度で、毒は人間には無害だ。

ほかの二つの科のうちの一万三千種がユウレイグモの網と似た網をつくる。一つはムレハグモとい

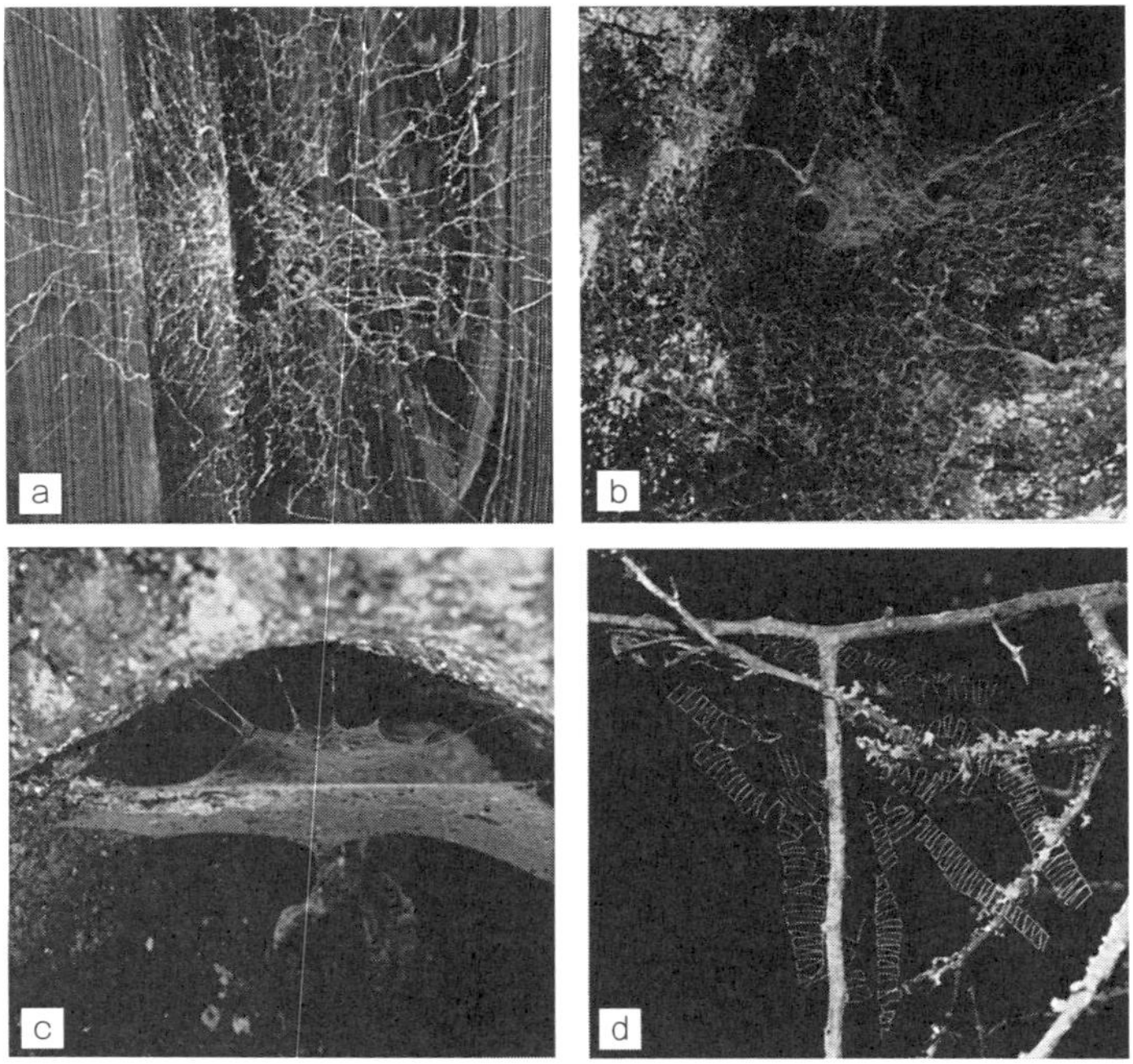

図 28　フツウクモの網の多様性。放射形（a）、漏斗状（b）、棚網形（c）、放線形（d）は異なったフツウクモ類がつくる網のほんの一部だ。網がよく見えるように写真家はコーンスターチなどを振りかける。特に白いところは粉が篩板糸にくっ付いたところ（写真は Brent Opell による）

う社会性のクモだ。仲間と共有の網をつくり、協力して餌を捕まえる。ムレハグモは中央メキシコの山岳地帯に住む。その密な海綿状の網は巨大で、ほとんど樹の全体を包み、二万匹ものクモが住む。ウールのような篩板糸を大瓶状腺糸の枠糸にくっ付けて網をつくる。大瓶状腺糸で補強したトンネルや小道は網の中に曲がりくねっていて、居住者が日光や雨から守られる隠れ場所となっている。このような巨大な網を昆虫が見落とすはずはないようにみえる。危険だということは、少なくとも人間には、明らかだ。網の外側はたいていハエの死骸で覆われている。それなのにハエはそんな網に引き寄せられるようなのだ。網の誘引力はおそらく、危険信号となるべき、ハエの死骸の団《かたまり》そのものから漂う甘いにおいなのではないかということに研究者は気付いた。ムレハグモが餌を食べるとき、死骸を唾液で濡らすので、死骸に含まれる糖を食べて生きている酵母の成長が促され、魅惑的なにおいを発散するようになる。昔から、その地方に住む人たちは、この網の切れ端を少し失敬して天然のはえ取り紙にしてきた。(1)

空中に浮いた網からまったく離れた一風かわったやり方は、ミズグモ（図29）によるユニークなものだろうか。この小さな、見たところ平凡なクモは池や流れの水面近くに住む。泳ぎが達者で、ミズムシ（水生のワラジムシ）や水生昆虫を追いかけ、水面下の糸で覆った空気室へもち込む。ミズグモは、水生植物の水中に沈んだ枝の間に小さな糸のシートを張って珍しい構築物をつくる。たびたび水面に向かって泳ぎ、腹部を空中に突き出し、水面下で動きまわることができる。水中に沈むとき、全身を覆っている短い毛が空気の泡で銀色の覆いをつくるので、いつでも腹部にある呼吸器官にかなりの量の空気を供給できる。毛は空気の輸送容器ともなる。小さな泡をいっぱいに積み込むと、クモは糸のシートの下側に泳ぎ着く。そこで、脚を使って気泡を腹部から払い落とすと、空気は糸のシートの下へ集まる。大きな気泡ができて、シートが細長いドームのように膨らむまで、クモはこれを繰り返す。もっと空気を集めるのが必要とあれば、いつでも水面に戻る。ミズグモは、この部屋で交配し、

図 29　ミズグモと糸製の潜水鐘の水中写真。クモの身体にまとわりついている銀色の覆いはクモが潜水鐘の中に持ち込もうとしている気泡（Photograph © NHPA/Stephen Dalton/Photoshot）

雌グモはそこに卵を産む。子グモは水面下でも、空気に囲まれた、乾いた陸上にいるのと同じように安全に孵化する。

約一万六千種のフツウクモが、網の生活からどんどん離れるのに大瓶状腺糸を使っていた。網のないフツウクモは、理論上は、網をつくるフツウクモと同じように大瓶状腺糸の糸でぶら下がる糸をつくることができた。しかし彼らは、家の所有者という気苦労から免れるための手段として大瓶状腺糸の「命綱」という特徴を使っているようだ。

これまでに最大のクモの科は、ハエトリグモ科（Salticidae）で、その数は五千種を超える。科の名前はラテン語の「dancing（踊る）」からきている。つつかれると、ハエトリグモは前後に痙攣《けいれん》したように跳ねるので、ジグを踊っているように見える。この小さな活動的なクモは、よく繭のような隠れ家を紡いだり、しおり糸や「網」とも言えないような、もつれた大瓶状腺糸からぶら下がったままじっとしていたりする。一属を除いて、ハエトリグモは網をつくらない。(2)

ハエトリグモの眼は八つある。四つは前を向いている。サーチライトのように目立つ巨大な一対の主眼は頭の前方を威圧する。ハエトリグモの視力はクモの中で一番良く、「カメラ」のような眼は昆虫の複眼に匹敵する。餌を狙ってさまよい歩き、美味しそうなご馳走に目をつけると、跳びかかる前に猫のように忍び寄る。ハエトリグモ類の体長は三から十七ミリメートルだが、餌に跳びかかるときは二センチ以上も、捕食者から逃げようとするときは体長の八十倍も跳ぶことができる（図30）。壁の上にいるハエトリグモが跳ぶのを邪魔してよく見ていると、重力を無視するみたいだ。空中に水平方向に跳び、すぐ壁に戻る。大瓶状腺のしおり糸を見つけないと、何が起きたかわからないだろう。クモが壁から跳び離れて、しおり糸を伸ばすと、振り子の紐の先のおもりのようになる。水平方向の運動が遅くなると、クモは、重力を使って弧を描きながら壁に戻る。ハエトリグモ類にとって、大瓶状腺糸は、何にも増して重要な安全装置だ。大瓶状腺糸は、跳躍台にしっかり固定されていて、見込み違いをしたときにも彼らを助けるので、空中に跳んでゆくリスクを取れる。

大瓶状腺の糸は、単なる緊急の安全装置以上の働きをすることが多い。実験室で、餌を追いかけて空中に飛び出すとき、ハエトリグモは大瓶状腺絹糸をブレーキとして使い、空中を進む角度を調節し、餌を捕らえるのに最適な姿勢が取れるよう巧みに誘導する。どのようにしてブレーキをかけるのか

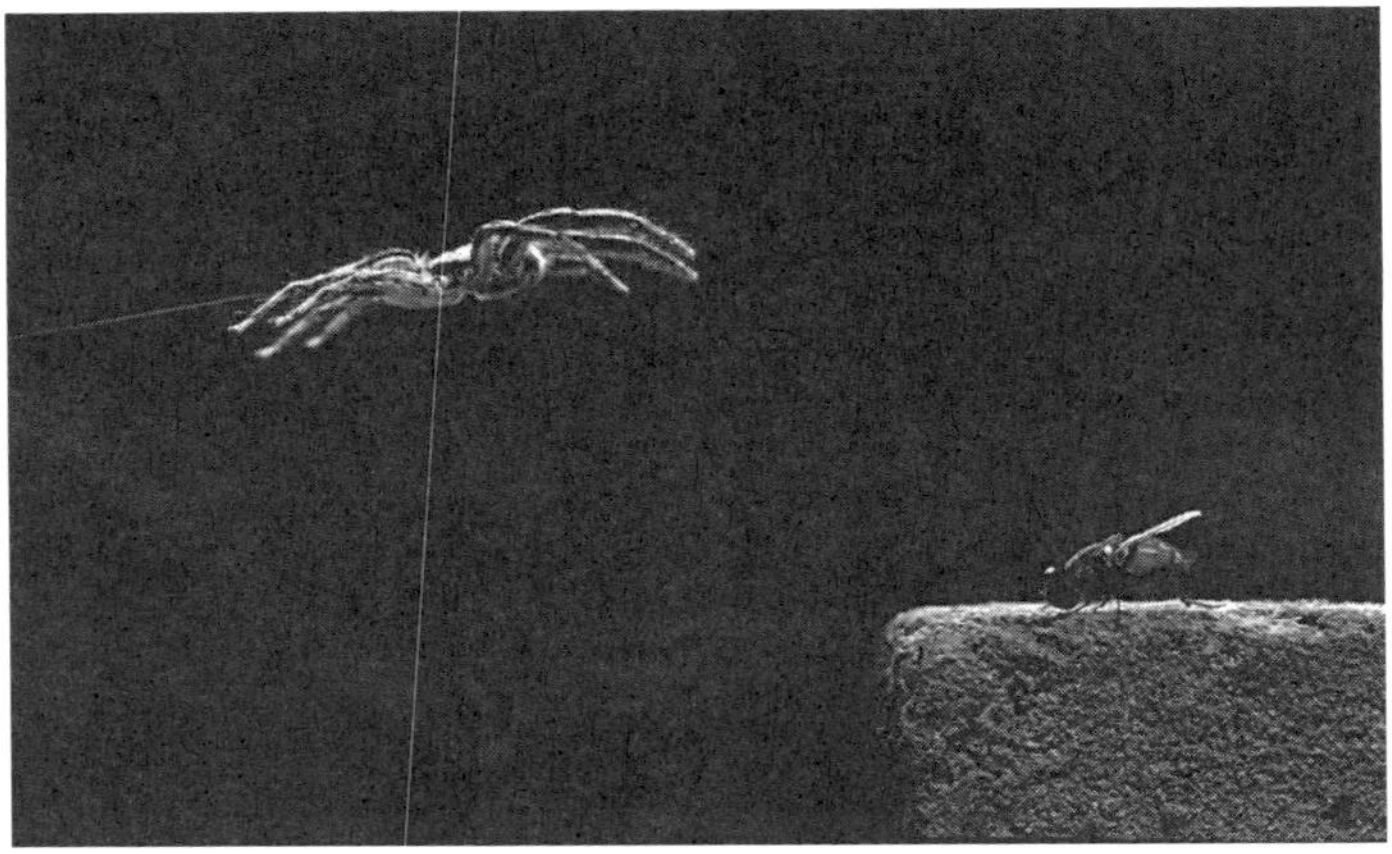

図 30　餌に跳びかかるハエトリグモ。クモは跳ぶ前に、大瓶状腺の糸を命綱として繋ぎとめておく（Photograph © NHPA/Stephen Dalton/Photoshot）

は、まだ正確にはわかっていないが、糸の出糸管の基部でバルブを制御する筋肉を絞るのだろうと考えられている[3]。

空中に跳び上がって餌を捕らえたクモにとって、大瓶状腺糸の性質はとても大事だ。速く走っている車で急ブレーキをかけると、静かには止まれない。車が止まっても運転者の身体は前方に動き続ける（だからシートベルトをする）。クモがブレーキをかけたときも身体は前方へ動き続ける。ところが、事態はもっと複雑だ。別の方向に飛んでいた昆虫と衝突したのが、今度は逃れようともがいているのだから。

大瓶状腺糸の優れた性質が、ハエトリグモにはいろいろに役立つ。その著しい強さで、第一に、ブレーキをかけるときに出糸管を絞っても糸が切れる心配がない。次に、糸は弾力があるのでクモがブレーキをかけたとき伸び、クモは滑るようにして止まれる。糸を伸ばすときのエネルギーは大部分が熱に変わり、周囲の空気に逃げてゆくので、反動にはならず、ゴム紐の端にくっ付いているおもりのように、クモが突然後ろに投げ飛ばされることはない。クモはゆっくり振り子のようにゆれて止まる。クモは物理的な制約にわずらわされることなく、新鮮な獲物をしっかりと捕まえ、牙を突き刺すことに専念できる。

大瓶状腺糸をこのように使うので、ハエトリグモ類は、網をつくることをしない。しかし、ケアシハエトリ（*Portia*）の仲間のハエトリグモは、二十種類ぐらいいるが、網をつくる。オーストラリア、ニューギニア、アジア、アフリカに住んでいて、なにやら薄気味の悪い能力を発揮する――あまりにも不気味で、無脊椎動物なのに意識があるのではないかと考えたくなるほどだ。ほかのクモにとって不幸なことに、ケアシハエトリはクモ食いだ。つまり、昆虫よりもほかのクモを食べたがる。中でもケアシハエトリという種は、さらに特殊化している。いろいろなクモを殺し食べようとするが、とりわけハエトリグモ類を好む。

近くで見ると、ケアシハエトリは、どちらかと言えばかわいい。毛に覆われていて眼が丸い。しかし離れて見ると、埃の塊、葉っぱの切れ端、網にかかったその他のゴミみたいだ。脚や腹部のふわふわした毛の塊が輪郭をぼかし、人目を欺くようにまだらの黒っぽいアーストーンの色と相まって、完全なカムフラージュになっている。

ケアシハエトリの網の形は水平か垂直の円錐形である。飛翔昆虫はこれらの網に捕まってしまうが、ケアシハエトリは時々ちょっと口をつけるだけで、クモにはありもしない鼻を上に向けている。

かといって、網にかかった昆虫が無駄になるわけではない。漁師が大きな魚をおびき寄せるのに使う小魚のようにみえる――この場合、クモは小魚を、ほかの漁師をおびき寄せるのに使っている。ケアシハエトリは、ほかの種類のクモの網の隣に網を張る。ほかの種類のクモは、ケアシハエトリの網に餌がかかったと気付くと山賊よろしくそれに襲いかかる。ケアシハエトリは、カモフラージュとじっとして動かない習性により、近づくほかのクモにはほとんど気付かれない。だからそのような略奪は、侵略者にとって不幸な結果となる。餌を食べるほうではなく、彼らが餌になるのだ。

ケアシハエトリはほかの賊グモより蛮勇をふるう。策略と知力は驚くほどで、ずるいだけではなく並外れた根気がある。ほかの種類のクモの巣に侵入すると、ケアシハエトリはバイオリニストのように糸を鳴らし始める。「ボーイング」、「ピチカート」などさまざまなレパートリーがあり、さまざまな震動を起こす。標的のクモの応答によって、ケアシハエトリは、捕食者からの信号ではなく、クモの餌の振動と思わせるリズムをどのようにして鳴らせばよいかわかっているようにみえる。ケアシハエトリは、いろいろなリズムをつぎつぎ試し、標的のクモが近づき始めると、序盤戦を止め、成功しそうなリズムに集中する。標的が驚いて逃げ出すと、ケアシハエトリは、標的が安心するまでいろいろなリズムを試しなおす。ケアシハエトリは、標的を辛抱強く少しずつ近くにおびき寄せながら、一撃が届くところに来るまで、一時間でもこの仕事に固執することができる。そこで跳びかかる。

ケアシハエトリお気に入りのとびきり上等のご馳走は、ほかのハエトリグモだ。ケアシハエトリは、待ち伏せ場所をつくるための足がかりとして自分の網を使うことがある。ほかのハエトリグモがケアシハエトリの網から伸びているもつれた糸にうっかりぶつかるか、ケアシハエトリがその存在に気付くと、ケアシハエトリは、辛抱強く、そっと、ゆっくり、標的のハエトリグモの上の位置まで網をわたってゆく。それから辛抱強く、そっと、ゆっくり、少しずつ、ときにはしばらく止まったりしながらハエトリグモの上にしおり糸で降りてゆく。ときには――ケアシハエトリがいることに気付くか、何かが注意を引きつけるかすると――ハエトリグモは移動する。そのときは、ケアシハエトリは、しおり糸をよじ登って網にもどり、ハエトリグモの新しい位置に向かってもう一度降り始める。標的のハエトリグモのちょうど上に来ると、ケアシハエトリは、急降下してハエトリグモに牙を突き刺す、それからしおり糸に戻って、ハエトリグモが数秒もしないうちに衰弱するのを待つ。ケアシハエトリは、次にしおり糸をゆっくりと慎重に動かして、死んだハエトリグモを持ち上げ、網に運んで食べる。

網を張るところは違うが、ケアシハエトリは、仲間のハエトリグモのように、遠く広く食べ物を探して歩き回れる。ほかのハエトリグモとの最大の違いは、昆虫よりほかのハエトリグモを獲ることだ。実際のところ、ケアシハエトリは昆虫を獲るにしては目立って不器用だ。しかし共食い動物としては、地上での老練な手品師のように、大好物の餌の鋭い目を欺く。身体のカモフラージュ、見慣れない動き方、大好きな餌の視覚がたいして鋭くないとわかっていることを合わせると、標的の犠牲者より優れていて、少なくともたいていのクモ並に優れている。獲物に忍び寄る優雅な動きから、ハエトリグモは獲物を狙う猫と比較される。ケアシハエトリは例外で、歯車の歯が二、三枚欠けたゼンマイ仕掛けの玩具のように歩く。ばらばらな脚の動き、不規則な一時停止、けばけばしている触肢が起こす震動、すべてがケアシハエトリを飢えたクモと認めるのを難しくしている。ケアシハエトリは注意深く前進する。追跡されているハエトリグモがサーチライトのような眼を追跡者の方へ向けると、不規則な動きを周囲に紛らわせるために、前方への動きだけを止めざるを得ない。餌のハエトリグモが立ち去るまで、ケアシハエトリは前進しない。餌にとって最後となる運命の前進は、ほとんどいつも餌の盲点から始まる。(4)

ケアシハエトリグモ属の中のほかの二十ほどの種は、ハエトリグモよりも、造網性のクモを襲う。すべてとは言わないが、ほとんどのケアシハエトリグモは、自分の網から離れたとき、恐ろしく知的にみえる接近術を披露する。そういう戦術と、分析的にみえる網の奪い取り方とから、クモには意識があるのではないかと研究者が考えざるを得なくなった。ケアシハエトリグモは、餌の先を読むようにみえる。一番近いところに居る食べ物を遠くから見つけたら、根気よく辺りを調べ、奇襲によって餌を取れるような接近方法を、ゆっくり急がずに決定しようとする。この手段によると、餌に出会わない期間が長くなるかもしれない。それでも目的を忘れることはなく、見渡す限りどこにも餌が見えなくても、最初に思いついた計画に従うようにみえる。ただ刺激に反応しているのでなく、意識して戦術を計画できるように、時間と空間を確認する感覚、餌からどう見られているかという感覚を、彼らは本当にもっているのだろうか？　たいていの試みでは、餌が見えなくなったり化学的信号を出していなくても、ケアシハエトリグモは、三次元迷路を調べて、記憶することで、どこへ行けばよいかがわかる。

そんなテストは哺乳類にも難しいだろう。それでも研究者は、この驚異の芸当は、知性とか意識によるというよりは、ケアシハエトリグモの眼の働きによると信じるようになっている。糸の家から遠く離れて歩き回り、うろつき回って餌を捕まえるクモへと、大瓶状腺糸がハエトリグモを進化させ、自然選択でクモの視力がどんどん良くなるほうが選ばれた。しかし眼は小さいので、ハエトリグモは、一度には周囲の狭い部分しか見えない。どうやら、彼らは周りにあるものの画像をつくりあげるのに、部分部分を頭の中でつなぎ合わせているらしい。攻撃接近の全体図を「心」に留めるのではなく、ケアシハエトリグモは、とにかく視覚の手がかりを使って記録し、少しずつ空間を移動しているのではないか⑤。

種の数を基準にすれば、大瓶状腺糸の命綱という特質と強力な視力が合わさって、ハエトリグモ類は、クモのなかでもっとも成功した科となった。飛んでいるのも地を這うのも、節足動物を意のままに見つけ出すことができるハエトリグモは、食べ物をたくさん見つけられた。周囲を調べて、どの方向でも安全なほうへ跳べるので、多数の捕食者から逃れられる。皮肉なことに、ハエトリグモは数がとても多いので、ケアシハエトリのようなハエトリグモを狩る仲間は繁栄できている。

何千というほかのフツウクモの種は網を張らずに生き延びている。約二千種ものワシグモ科は、夜中に歩き回って狩りをし、昼間は糸の繭か袋に隠れている。コモリグモ科は一属のみが網を張るが、この科の二千三百種のほとんどが地上を徘徊するか地下に身を隠し、そのうちのあるものはハラフシグモやトタテグモのように落とし戸付きの穴を、ほかは小塔のある穴をつくる。コモリグモはたいてい大きく、毛深く、すばしこく、個体数が多く、人間が逢いそうな昼間に活動する。そのため、コモリグモはあまり良く思われていない。コモリグモは英名で wolf spider と名付けられているが、オオカミと違って、群れで狩りをしない。しかし、誤解からつけられた通俗的な名前から離れられないでいる。

恐ろしげなイメージとは逆に、コモリグモは、卵と子グモに一身を捧げ世話をする母親と考えられている。卵のために安全な卵嚢をつくると、ほとんどのコモリグモの母親は卵嚢を出糸突起にくっ付け、どこへ行くにももってゆく。卵嚢は、母親の腹部よりも大きいこともあるので、引きずってゆくのはかなりの負担だ。それにもかかわらず、母親はしばしばそれに触る。文字通りにも比喩的にも、触ることで、はっきりとそれが彼女のものと確認できているようにみえる。コモリグモの母親を卵嚢から引き離すと――牙と爪で抵抗するのでそれは難しいが――根気強くそれを探す。しかし、ほかのコモリグモの卵嚢や、無関係なクモの卵嚢か、泡、紙、コルクでできている同じような大きさと形の球を渡すと、同じように愛着をもって、跳びつこうとする。『昆虫記』で有名な、十九世紀フランスの昆虫学者、ジャン・アンリ・ファーブルは、いろいろな雌のコモリグモに自分の卵嚢と偽物を選ばせたところ、何であれ最初に触ったものを取り、あらゆる攻撃に対してそれを守ろうとすることを発見した。

卵が孵る時期になると、コモリグモの母親は卵嚢を牙で切り裂き子グモを解放する。母親が助けないと出てこられない。すばらしいクモ学者のファーブルは自然史の読者のお気に入りだ。次に何が起こるかを、彼の魅力のある著述を借りて以下に記そう。

小さな塊から出てくると、何百という子供たちは、クモの背中によじ登ってそこにじっとして、押し合いへし合い、もつれた脚と腹で一種樹皮のようなものをつくる。母親はこの生きているケープで見えなくなる……巣の底で長い瞑想にふけってじっとしていようと、のどかな日にひなたぼっこをしようと、口のところにきていようと、コモリグモは、良い季節が来るまで、子供たちがうじゃうじゃ群がる大きな毛皮を決してかなぐり捨てない……この運搬子育ては休みなく、少なくとも五、六カ月続く……母親の背中の上で、ちびたちの食べ物はどうする？　私の知る限りでは何もない……「母親の狩猟」遠征には危険が伴う。子供は草の葉で払い落とされるかもしれない……コモリグモは、子供が一匹落ちても、六匹いや全部落ちても、心配しない。災難の犠牲者が困難を切り抜けるのを平然として待つ。そのようなことにとても素早く対処する……砂の上を忙しく駆け回ると、追い出された子供はそこここに、円形に広がっている母親の脚のどれかを見つける。この登り棒をよじ登り、すぐに背中の上の群れは元の形を取り戻す。(6)

ハエトリグモを別とすれば、コモリグモはほかのクモより視力が良いので、それが昼間役に立つ。それに引き替え、数千のアシダカグモ科は、地上性のクモのように夜、歩き回って狩りをする。ゴキブリを食べるので、家の中に入るのを歓迎する人間もいる。人家から離れたところにいるアシダカグモ科の仲間は、捕食者から急いで逃れる新しい効率の良い方法を見つけ出した。たいていのアシダカグモのように、ナミビアのシャリングモは夜行性で穴に住む。砂嵐のある、強烈な日差しで焼けるようなナミビアの地表に暮らすクモには、地上生活に独自に適応をしたことが特に役に立っている。地表から二、三センチメートル下の砂はあまり暑くなく、穴の上の落とし戸は、熱を遮り、砂丘表面を吹く風に飛ばされる砂で穴が埋まるのを防ぐ。砂は土ほど思うようになる壁材ではないが、クモは穴を糸で内張するので、トンネルを一メートルほどの長さにわたって支えることができる。シャリングモは住み処の近くにいて、夜、餌（甲虫や別のクモ、ときにはヤモリ）が通るのを待つ。それから穴に戻って休み、熱暑から逃れる。

シャリングモの穴は、ベッコウバチ科のジガバチ以外のすべての捕食者からの良い防護となる。「死よりひどい運命」という言葉が、このハチの犠牲になったシャリングモの立場をよく表す。ジガバチがクモを捕まえると、刺して麻痺させ、それに卵を一個産む。卵が孵ると、ジガバチの幼虫はまだ生きているクモを少しずつ食べる。

シャリングモは、普通、砂丘の急斜面に住み処をつくる。砂丘表面の傾斜が緩やかなほど深い穴を掘るのがやさしい。糸の内張が穴の上のほうから砂が崩れてくる力に抵抗しやすい。ジガバチにとってもクモを探して穴を掘るのも簡単になる。このジガバチが掘る能力は驚異的で、クモを探して四・五キログラムもの砂をどけることができる。急な斜面では、ジガバチが空けた穴はつぎつぎと上からの砂で埋まって、探索をはばむ。だからシャリングモは、ジガバチの内張なしの穴は壊れても、内張のある穴なら持ちこたえるような斜面に穴を掘る。それでも、クモがいつも傾斜度を正確に測定するわけではない。砂丘も、またその中の洞穴も変化する。クモが新しい穴を掘っていて、無防備になっているところとか、砂丘表面のすぐ下にいるところをジガバチが襲うかもしれない。

襲撃してくるジガバチがから逃れるのは無駄だ。クモは長距離を走るようにはできていない。代謝が遅いので、酸素も食べ物もほんの少ししか消費できず、短距離全力疾走の燃料補給をすることはできるが、マラソンを続けられない。それにひきかえ、ジガバチは長時間の飛行や空中停止ができ、おそらく逃げるクモを触角で探知して後を追うことに熟達している。そのため、砂丘の平らなところにむき出しになっているシャリンググモの破滅は、決定的になる。急な斜面では形勢逆転し、クモがジガバチより優位になる。クモは重力に助けられ、回転し弾みをつけながら斜面を下り、ジガバチは何が何だかわからなくなって追跡を続けられなくなり、あとにとり残される。ナミビアのシャリンググモが砂丘に突っ込む速さは、ある研究者の計算によると、時速二百二十キロメートルで走る車の車輪と同じくらいだという。(7)

二千種のカニグモ(カニグモ科)は、花粉を運ぶミツバチやチョウを誘引する花の上などで待ち、それに気付き損なった餌を捕まえる(図31)。効果的なカモフラージュ(偽装)が助けになる。淡いピンク、ラベンダー、明るい黄や白、薄い緑——カニグモの身体はさまざまな色を出す。おとりとして使う花の色に合わせて色を変えることのできるクモもいる。カニの鋏のように広がる長い前足が昆

図 31　カニグモは糸を使わずに餌を捕まえる。クモの体色が、餌を引きつける花の陰に隠れるのに役立つ（写真は Antje Schulte による）

虫を挟んで捕まえ、昆虫は蜜を吸おうと舞い降りたはずが、代わりにきれいなクモにすっかり吸われてしまうことになる。博物館のジオラマで授粉の様子を見せているような、じっと動かない、ミツバチやチョウの外骨格だけがそっくりそのまま残ることがある。

タランチュラ類やほかのトタテグモ類が、地上の縄張りに進出したとき、クモにとっての新しい、限りない好機を利用したように、フツウクモ類が大瓶状腺糸をさまざまな方法で使い始めたときも同じようだった。ハエトリグモの眼の場合のように、多くの新しい、ときには驚くような適応で、網をつくらないフツウクモ類は進化し、餌を獲ることや捕食者から逃れるのが楽になった。コモリグモの子供の世話、ナミビアのシャリングモの回転運動、カニグモのカモフラージュ――大瓶状腺糸がこれらのクモの祖先に捕食者から逃れる能力を与えなかったら、このような適応が進化で起こったとはとても想像できない。大瓶状腺糸がないハラフシグモとトタテグモは、野外ではとても攻撃されやすいので、滅多に穴や隠れ家を離れて遠く歩き回ることをしない。祖先がすでに、長い脚で自由に歩き回って狩りをできるように進化してクモだけが、円いボールではなく車輪に変身する能力をもつように進化したようだ。一方で先祖返りして穴に住むようになったクモがいたとしても。

地下に住むクモは、地表の辺りで狩りをし、草の茎や樹の上に餌を追い、水面下で獲物を漁るので、空中に網を張るクモと食べ物を争うことはなさそうだ。同じ捕食者に出会うことさえもなさそうだ。教科書や野外観察図鑑は、昆虫が進化に成功したことを述べている。この成功を表す尺度は、種の数だ。円網は、おおかたの人にとっては見た目に美しいので、生物学者以外は、網を張らないフツウクモ類は、進化の意からすると、円網をつくるクモより劣った下等な生き物だと考えがちだ（間違っているが）。しかしフツウクモの段階の網を張らない大多数のクモが、糸の進化とともに多様化し、何万種ものそれぞれが、環境中に特有の複雑な場所を、目的に沿って獲得するように進化した。糸の進化をみることで、それがさらに明らかになる。

第八章　より広い空間へ

アメリカでベストセラーとなった小説では「たいしたブタ」、「すばらしい」、「ぴかぴかの」というようなメッセージをクモが網に編み込んで一頭のブタを畜殺から救っている。E・B・ホワイトの *Charlotte's Web*（邦題『シャーロットのおくりもの』）の女主人公、シャーロット・A・キャヴァティカ、「真の友達でよき書き手」はオニグモ属の一種（*Araneus cavaticus*）で、すべてのオニグモ同様、垂直円網を張る。スローガンが書いてなくても、垂直円網には思わず足を止めさせられる。「クモの網」という言葉を聞いたとき、ほとんどの人が思い起こすのは円網だ。お馴染みのこしき（車の輪の中央部、車軸が通っている部分）とスポーク（自転車の輪止め）の形をつくっている縦糸と横糸がそよ風にゆれ動く。靄の立ちこめた朝、シャーロットの網はまさに美そのものだった。この朝、細い糸はどれもたくさんの雫で飾られていた。網は陽の光にきらきらと輝き、繊細なベールのように美しく、神秘的な模様となっていた。美しいものにたいして関心のない「作男」のルービーでさえ、ブタに朝食をもってきたとき、網に気付いた。それがいかにはっきり現れたか、どんなに大きく念入りにつくりあげられたかがわかった。(1)

円網に気付かないわけにはいかない。たいていは、出入り口とか通路の上に、垂れ幕のように張られているのが見つかるからでもあるが、ルービーが認めたように、とても念入りにつくられているからでもある。円網は、ビーバーのダム、鳥の巣、ミツバチの巣のような強い印象を与える動物の妙技以上に、その規則正しく左右対称なことで人間の美意識に訴える。均斉の取れた外形と薄さに強さを兼ね備えていることで何千年もの間、その芸術性と工学技術が賞賛され続けた。ギリシャ人は、前に述べたように、アラクネーとその子孫のクモだから神のような機織りの能力をもつのだと考えた。ほかの文化も、円網を張るクモを究極の芸術家とみている。ナヴァホ族は、有名な毛布や籠をつくる熟練の技は、養女になって大地の女神「クモ女」から教えをうけたプエブロの少女から伝えられたと信じている。西アフリカ人やアメリカ先住民は、円網を張るクモは、地球の形をつくる助けをしていると信じた。スコットランドの英雄、ロバート一世（スコットランド王）の伝説には、引き続く敗戦に自信をなくして敗走しながら、労を惜しまず円網をつくるクモを見つめて、イギリスを負かすのに必要な勇気と忍耐を得たことが書かれている。

網のことをいくら誉めたとは言え、もっともすばらしい性質は肉眼では見えないので、複雑さを過小評価している。超強力な大瓶状腺糸で、クモは空中を征服し、それまでは行動圏を独占していた、飛翔昆虫に立ち向かうことができるようになった。垂直円網は大瓶状腺糸以外のものからもできている。クモが垂直円網を張るたび、別々の絹糸腺から出てくる三種類の糸を使い、そのうちの一つを四番目の絹糸腺がつくるねばねばした小滴でコーティングする。そうした糸はとてもよく伸び、粘りつ

第八章　より広い空間へ

く小滴はとてもよくくっ付く。両者相まって、空を飛ぶ昆虫には二重の脅威となる。垂直円網に虫が飛んできてぶつかると、網はトランポリンのように後らに伸び、昆虫の運動エネルギーを散らしてからほとんど元の形に跳ね返る。トランポリンと違って、網は昆虫を反動で投げ返さない。よく伸びる糸は完全に弾力的ではなく——衝撃吸収材のように働き——粘つく小滴で昆虫は網に糊付けされる。昆虫がもがけばもがくほど、かえって余計粘つく小滴とくっ付いて、クモが突進してくるまで動けないようになる。

飛翔昆虫は、樹の下陰や岩の層では狭い隙間を通って進み、空中をうろつくものが多い。それ以外は、まるで、疾走する悪魔だ。水平面に沿って、競って疾走する。垂直円網の新しい、伸びて粘つくメカニズムで、広い空間を速く猛烈に飛び回る昆虫をクモが捕まえられるようになった。一見すると、垂直円網はあまりにも優雅で複雑で、しかも効果的に働くので、それが徐々に進化したとは想像しにくい。その構成要素は一緒になってとてもよく働くので、そのうちのどれかがなかったら、その中間の形で役に立つとは考えにくい。垂直円網も、その構成要素のどれもが、そのすぐ前のフツウモ類の糸の使用法から突然新発展したのではない。進化の糸をたぐると、最初のクモの絹糸腺に行きつく。

垂直円網は三つの特徴から、人間にとっては驚きであり、分化した餌取りとしては効果的だった。まずレイアウト。典型的な二次元の「こしき—スポーク—枠」からなる網のデザイン。きれいな線、糸の部分より隙間のほうが多く、すべて幾何学的だ。簡素で整然としている円網をほかのフツウクモの網、シート、漏斗と比べるのは、まるで、鋼鉄の枠とガラスの壁でできた摩天楼と、枝にかけられた防水シートとを比べるようなものだ。円形のレイアウトは、クモの設計と製作の目覚ましい一大飛躍のようにみえる。

二番目の重要な特徴は、網の垂直性だ。垂直平面は水平方向に飛ぶ昆虫を捕まえるのには理想的だ。最後は、超粘性、超弾性の捕獲らせん（横糸）の糸が、網の中心から外側の縁に向かって渦巻いていて、円網が的のように見える。渦巻きは餌をさっと捕まえる部分なのだ。

垂直円網上の捕獲らせんは、もっとも最近進化した二つのクモの糸タンパク質――鞭状腺糸と集合腺のタンパク性粘着物質――のすばらしい組合せだ。トタテグモは、まず地上空間に進み出るのに糸を使った。その種には、糸を地表か地下でしか使わないハラフシグモの矮小形も入る。大瓶状腺の進化――「真のクモ」フツウクモの超強力な懸垂下降用の糸――とフツウクモの共通の祖先の羊毛のような篩板糸が、二億二千五百万年前のクモの種の数の二度目の爆発的増大と関連する。三度目の爆発的増大は、一億三千六百万年以上前のどこかで、鞭状腺糸と集合腺のタンパク性粘着物質が一緒に出現したことに関連する。鞭状腺糸と集合腺のタンパク性粘着物質を使うクモはコガネグモ上科に分類されてきた（「上科」とは、似たような科のグループを含む場合の分類）。シャーロットと円網をつくるその仲間は、コガネグモ上科ということになる。

コガネグモ上科は、二種類の新しい糸タンパク質を網に使った最初のクモだった。それでも、円網をつくった最初のクモではない。ほかの上科に属するクモがコガネグモ上科よりも先に進化した。彼らは速く飛ぶ昆虫を滅多に捕まえることはできないが、人間が見過ごしがちな薄暗いところに水平円網をつくる。円形でない網から水平円網へ、さらに水平円網から超弾力的で超粘性のある垂直円網へと移り変わってゆく様は進化の複雑さをよく表している。薄暗い場所でも昆虫はたくさんいるので、弾力性や粘り気の小さい円網でも十分に餌が獲れる。クモ学者でなければ、この円網をつくる先人達を無視しても仕方ないだろう。シャーロットが樹の幹の洞に網を張ったら、救命のメッセージ「たいしたブタ」に誰も気付かなかったのではないだろうか？

円網が出現するまでの数千万年の間、フツウクモ類は、いろいろな形の網を空中につくるのに大瓶状腺糸を使った。ランプの笠、モップ、シート、漏斗、網——どれも餌を捕まえるのには、粘りつく、羊毛のような篩板糸で覆われた大瓶状腺糸でできた芯になる糸が頼りだった。それらの作者はほとんどいつも、狭い、陽のあたらない所に網をつくったので、捕食者からの隠れ家と同時に罠にもなった。

初期の円網こそ、人間には革新的と映ったかもしれないが、一見無秩序なフツウクモの網とはあまり違わなかった。糸の間隔の規則的な構造が円網に共通の特徴だ。大瓶状腺糸が強いので、円網が出現する以前からそのように間隔を空けることができた。初期のフツウクモの、シートや漏斗状の網にはそれは見られなかったが、モップのような網やメッシュ状の網には見られた。規則的な構造をつくるためには、幾何学的な技能が大きく急激に変化する必要はない。生きている化石のハラフシグモの中には、穴の出入り口から放射状にしおり糸を規則的な形につくるのもいる。初期のフツウクモ類も、まず割れ目から放射状に規則的な糸の線を敷設し、次に無秩序に見える線を交差させる。エボシグモの網のランプの笠の部分は、円網のように回転対称になっている。網をつくっているところをコマ落とし撮影で見ると、同じパターンの動きを続けていることがわかる。パターンは単一幾何平面にできるので、クモは数学的で知的に見える。例えば初期に現れたフツウクモ類の一種であるエボシグモは、網を空中にぴんと張って吊るすのに一定の建設サブルーティン（手続き）を実行する。

何十年もの間、クモ学者はどのようにして円網が進化してきたかについて議論してきた。円網は独立に二回進化したのか？　コガネグモ上科の垂直円網と、円網を張るメダマグモ上科のクモがつくる水平円網との違いは、独立の進化として説明できないこともない。それとも、この二つの上科は共通の祖先から一回だけ進化したのか？　とすれば、二つの上科に同じ新しいラベル Orbiculariae を付けて分類するのが正しいことになり、水平円網と垂直円網が似ていることの説明がつく。網の張り方、出糸突起、網を張るのに重要な脚の解剖学的構造、その他の解剖学的構造の比較をした、労を惜しまないクモ分類学者の仕事で、円網はただ一回で進化したことに、ほとんどのクモ学者が最終的に納得した。決め手は二〇〇六年に鞭状腺糸の遺伝子がメダマグモ上科で見つかったことだった。鞭状腺糸は、コガネグモ上科の横糸の超弾性の糸だ。同じ研究グループは、以前はコガネグモ上科だけにあると考えられていた大瓶状腺糸の遺伝子も発見した。これらの発見と、コガネグモ上科とメダマグモ上科の解剖学的構造、円網をつくる行動など多くのことがよく似ていることを合わせると、円網は、二つの上科の共通の祖先の中でただ一度だけ進化したという仮説の強力な証拠となる。(2)

さまざまな理由から、分類学者は、メダマグモ上科はコガネグモ上科よりも以前にその特徴を現したと考える。大多数のメダマグモ上科のクモは、ウズグモ科に属する。円網で甲虫を捕らえるとき、早期に進化したフツウクモが使うのと同じ篩板糸を使うし、一番後ろの脚にある梳き櫛のような毛櫛で糸にブラシをかけるので、ウズグモ科は「梳き櫛ですいた円網をつくるクモ」として知られている。しかしコガネグモ上科は、篩板をなくしてしまっている。ウズグモ科は、コガネグモ上科よりも解剖学的構造でも行動でも、最初の円網をつくった共通の祖先に近いという結論に至っている。

その共通の祖先には、古いフツウクモ類と共通点が多い。ハラフシグモとトタテグモが現れたとき以来、絹糸腺は進化した。最初のクモはおそらく、一種類の絹糸腺からなる四対の出糸突起をもっていただろう。しかし少なくとも、二億九千万年の間にほんのわずかしか変化していないように見えるハラフシグモでさえも、三種類の異なった糸タンパク質をつくる三種類の絹糸腺をもっている。複数の糸タンパク質をつくる能力があれば、餌が乏しいときにも糸をつくり続けられるだろう。クモの歴史が始まったばかりの頃でさえ、さまざまな種類の遺伝子と絹糸腺があり、それに自然選択が働いただろう。フツウクモ類では、特殊な働きをするさまざまな腺が進化した。特殊化はしたが同時にいろいろなこともこなす道具を得て、すでにフツウクモは多様化への道を歩んでいた。これらの道具が円網をつくるクモにさらなる可能性を開くことになった。

円網をつくるクモの共通の祖先は、おそらく、七種類の絹糸腺をもっていた。すべてのフツウクモ類にあるブドウ状腺が、原初の絹糸腺に違いない。「aciniform（ブドウ状）」というのはブドウの房に似ているからで、この腺は雄も雌も基本的な機能のために使う糸をつくる。雄は短いリボンをつくり、その上に精子を載せ、生殖器に引きずり込む。雌は卵嚢をつくり、これを使ってクモは餌を弱らせ（すべてのフツウクモ類がするわけではない）、餌をくるみ、次の食事として取っておく。円網をつくるクモは、網の上にいろいろな模様を編み込むのにブドウ状腺糸を使う。これまでに試した中では、ブドウ状腺糸がもっとも丈夫なクモの糸なので、卵を丈夫な覆いで包むのは、太古のクモにとっても、現代のクモにとっても大きな利点となっているだろう。その糸がのちに餌を縛り付ける効果的な道具という役も重ねて務めるようになったとしたら、ますます有益だ。

一九四〇年代の終わり頃、E・B・ホワイトは *Charlotte's Web* に取り組んでいて、定評のあるクモ学の本を二冊読んだ。ジョーン・ヘンリー・カムストックによる *The Spider Book*（クモの本）とウィリス・ジェイ・ガーチの *American Spiders*（アメリカのクモ）だ。ホワイトはガーチと文通した。シャーロットの行動を正確に書くために答が必要な質問のリストを送った。ホワイトのクモに関する知識は、子豚のウィルバーが、ブドウ状腺糸の丈夫さと防水性を信頼して、卵嚢の中にいるシャーロットの未来の子グモを口の中に入れて密かに運ぶところに現れている。(3)

ナシまたは西洋ナシの形の腺は、やや長円のブドウ状腺に少し似ている。ブドウ状腺のように、ナシ状腺は、円網をつくるクモを含むすべてのフツウクモ類にある。ナシ状腺は、フツウクモ類が大瓶状腺糸のしおり糸をどこかの表面に取り付けるときに使う「付着盤」をつくる。ハラフシグモとトタテグモは、歩くとき出糸突起を絶えず地面になすりつけ、ほとんど見えないような、べたつくタンパク質を引きずった跡を残す。ハラフシグモにもトタテグモにも、フツウクモ類のブドウ状腺とナシ状腺に似た複数の絹糸腺がある。今日まで、ハラフシグモとトタテグモの遺伝学的研究はほとんどないが、研究者はいずれ、彼らの絹糸腺とフツウクモ類のブドウ状腺とナシ状腺の間には密接な関係があることを明らかにすると思われる。となれば、これらの腺はいまだに生き残りに必要な基本的な働きをもっているのだから、昔からそれほど変わっていないということになるのだろう。

ほとんどのフツウクモ類の雌は、円筒形の腺ももっている。これは長い、管状の腺で、卵嚢の内側の層のためのふわふわした糸をつくる。

円網をつくるクモの共通の祖先はフツウクモ類なので、当然大瓶状腺をもっているだろう。しかし、円網をつくらないフツウクモ類には今まで見られていない糸タンパク質をつくる。円網をつくるクモを含むすべてのフツウクモ類は、通常 MaSp 1 と略記する、原始の大瓶状腺タンパク質の改作版をつくる。しかし一つの絹糸腺で一種類以上の糸タンパク質をつくるハラフシグモとトタテグモのように、円網をつくるクモは、大瓶状腺で少なくとも二種類の糸タンパク質をつくる。MaSp 1 繊維とMaSp 2 と呼ばれている第二のタンパク質繊維が混ざって一本の糸になる。MaSp 2 は MaSp 1 ほど強くないが、よく伸びる。同じくらい強いが、よく伸びる大瓶状腺の糸は、初期の円網をつくるクモには利益となっただろう。命綱と網の支柱は衝撃吸収材となり、餌の衝突と衝突後の闘争を上手く処理できただろう。

MaSp 1 と MaSp 2 にあるアミノ酸反復配列から、MaSp 2 を指図する遺伝子は MaSp 1 を指図する

MaSp 1

GGSGGQGGQGGYGSGGQGQGGYGSG AAAAAAAAA

MaSp 2

GXGPGXQGPGXQGPGGYGPG AAAAAAAA

図 32　ウズグモの一種、*Uloborus diversus* がつくった大瓶状腺糸のタンパク質にあるアミノ酸反復配列。MaSp 1 と MaSp 2 の四角で囲んだ配列はアラニン（A）の連続で、強靱さの一因になる。波線を下に付けた MaSp 1 の部分も強靱さの一因になる。MaSp 2 の配列の下線を付けた部分は「ナノスプリング」になるかもしれない（配列は Garb *et al.*, “Silk Genes Support the Single Origin of Orb Webs”による）

遺伝子から進化したことが明らかだ。図32にウズグモの一種（*Uloborus diversus*）のMaSp 1とMaSp 2のアミノ酸配列を示す。[4] MaSp 1の重要なアミノ酸の「モチーフ」は、グリシンが二つ並ぶトリプレット（GGS、GGQなど）とアラニンが続く（AAA…）配列だ。モチーフは両方とも、分子が絡み合って動かなくなるので大瓶状腺糸の強靱さの原因になる。MaSp 1の反復配列にはその中に多数の反復がある。ということは、タンパク質に指令を与える遺伝子の塩基配列にも同じような反復があるということを示す。遺伝子に反復が多いと、複製の間違いが起こりやすい。反復があると、さらに反復を増やすことになる間違いを起こしやすい。複製の間違いが比較的少数でも、グリシンが二つ続くMaSp 1のモチーフがMaSp 2のGPGというモチーフに置き換わってしまうことがある。

クモの糸、哺乳類の弾性組織、コムギのグルテン（パンにかみごたえを与える）のタンパク質を調べると、MaSp 2のGPGというモチーフが、アミノ酸鎖をらせん状にして「ナノスプリング（ばね）」をいくつもつくることがよくわかる。この小さなコイルがMaSp 2を、したがって円網をつくるクモの大瓶状腺糸を伸びやすくしているのだ。[5]

二〇〇八年に研究者は、ジョロウグモ類と多数の円網をつくるクモのDNAには、*MaSp 1*とほとんど同じ遺伝子が少なくとも二つあることを発見した。第二の遺伝子は卵か精子の細胞ができるときの交叉で二重になったのだろう（図27参照）。それがゲノムの中に残ったのは、それでMaSp 1タンパク質の生産が増えることになり、次に大瓶状腺糸のしおり糸の生産も増えたからだろう。複製された*MaSp1*遺伝子のどれか一つは残っているから、MaSp 1の生産を損なうことなく、*MaSp2*遺伝子へと進化できたのかもしれない。こうしてクモはしおり糸の強さを失うこともなく、伸びやすさを手に入れたのだろう。[6]

ほかのフツウクモ類同様、円網をつくるクモの共通の祖先も、大瓶状腺をもっていただろう。小瓶状腺は、小さい大瓶状腺のように見える。フツウクモ類はときどき、大瓶状腺糸のしおり糸にこの腺でつくられた糸を混ぜる。小瓶状腺糸のタンパク質と大瓶状腺糸のタンパク質のアミノ酸配列は、大瓶状腺糸にはアラニン分子の繰返し（AAA…）が多いことを除けば、似ている。この違いが、大瓶状腺糸が、小瓶状腺糸よりかなり強いことの理由となるのだろう。大瓶状腺細胞と小瓶状腺細胞、糸の遺伝子、胚発生のときの腺の形成などをもっと徹底的に調べれば、クモ学者がこれらの進化に関しても持ち続けている疑問のいくつかを解決することになるだろう。

進化の途中で篩板をなくしたシャーロットやその他の垂直円網をつくるコガネグモ上科のクモと違って、円網をつくるクモの共通の祖先は皿のような篩板をもっていて、篩板はその後ろにある腺とコガネグモ上科でないフツウクモの網の糸をねばねばにする羊毛のような捕獲糸をつくっただろう。MaSp 2をつくる大瓶状腺の能力を除けば、円網をつくるクモの共通の祖先は、同時代に生きたほかのフツウクモ類のものと同じ腺をもっていたが、別にもう一種類の腺ももっていた。

その腺は、瓶状腺に似た腺から進化したと思われる。その新しい腺は、フツウクモ類がこれまでにつくったどんな糸タンパク質よりもよく伸びるタンパク質をつくった。この新しい腺は、二つの新しい腺、つまり水平円網をつくるメダマグモ上科の擬鞭状腺と垂直円網をつくるコガネグモ上科の鞭状腺の共通の祖先だった。この共通の祖先の腺で、円網をつくるクモは、特有のよく伸びる捕獲糸を用いて、どの円網にもらせんの横糸をつくり始めた。最初は飛翔昆虫がそれに注意する必要はほとんどなかった。だが地質年代学的に言えば間もなく、世界は完全に変わってしまった。

糸を作るのにはエネルギーがいる。あちこち動きまわり、網を張るために糸を度々つくるのにもエネルギーが要る。初めの頃、円網は自然選択に対して有利だっただろう。単位面積あたりに必要な糸も、運動も、建設の時間も少なくて済んだのだから。シート網をつくるには、クモはたくさんの糸を密に並べなくてはならないが、円形は規則的な空間が多く糸が少なくて済む。円形をつくるのにはせいぜい二、三時間程度の労働で間に合う。それに引き替え、フツウクモ類のほかのタイプの網は、二、三日も必要だ。

円網をつくるクモの共通の祖先は、メダマグモ上科の毛櫛でつくる網によく似た網をつくっただろう。ウズグモは、狭いところを選ぶ。樹の洞、わずかな岩の隙間、藪の下枝の陰のような隠れ場所には多くの昆虫がいる。それが多くのフツウクモ類が網をそこにつくる理由だ。そういうところでは、昆虫が上へ、下へ——日陰へ、あるいは日差しに向かって——と、安全な場所を探し、広々とした場所へ飛び出し、どこかほかへ行こうとする。日陰を探して飛ぶのかもしれないし、日陰を好む節足動物を食べようとするのかもしれないし、洞穴にたまった水の中で孵化して、成虫となり飛び出そうとしているのかもしれない。ねばねばする篩板糸で、油断のならない網を通路に水平に張るので、ウズグモには、昆虫のこの行動は都合がよい。

ウズグモは、まず、大瓶状腺糸の枠糸と縦糸（放射糸）を配置する（図33）。つくり始める前に、形と周囲の状況の感じを掴むためだろうか、クモは建設場所の周りを歩き回る（円網をつくるクモがどのようにしてふさわしい場所と決めるのか、まだわかっていない）。クモはそれから、次の二つのどちらかの方法で最初の糸を使って縄を張る。糸をその空間に流して、それがどこかに付着したらピント張るまで巻き戻すか、どこか一箇所に糸をくっ付けてから、後ろに糸を引きながら周りを歩く。望ましい目的地に着くと、糸をぴんと張るまで引っぱってそこへ繋ぎとめる。

最初の糸が張れたら、クモはさらに骨組みとなる糸を張り始める。いちいち止まって新しい糸を繋ぎとめる。クモは、脚で強く引いて糸の張力と配置を測っているように見える。満足できないと、糸をかみ切って少し違う場所につなぎ替える。クモは、網を張る間中、絶えず測り、判定し、再調整する。

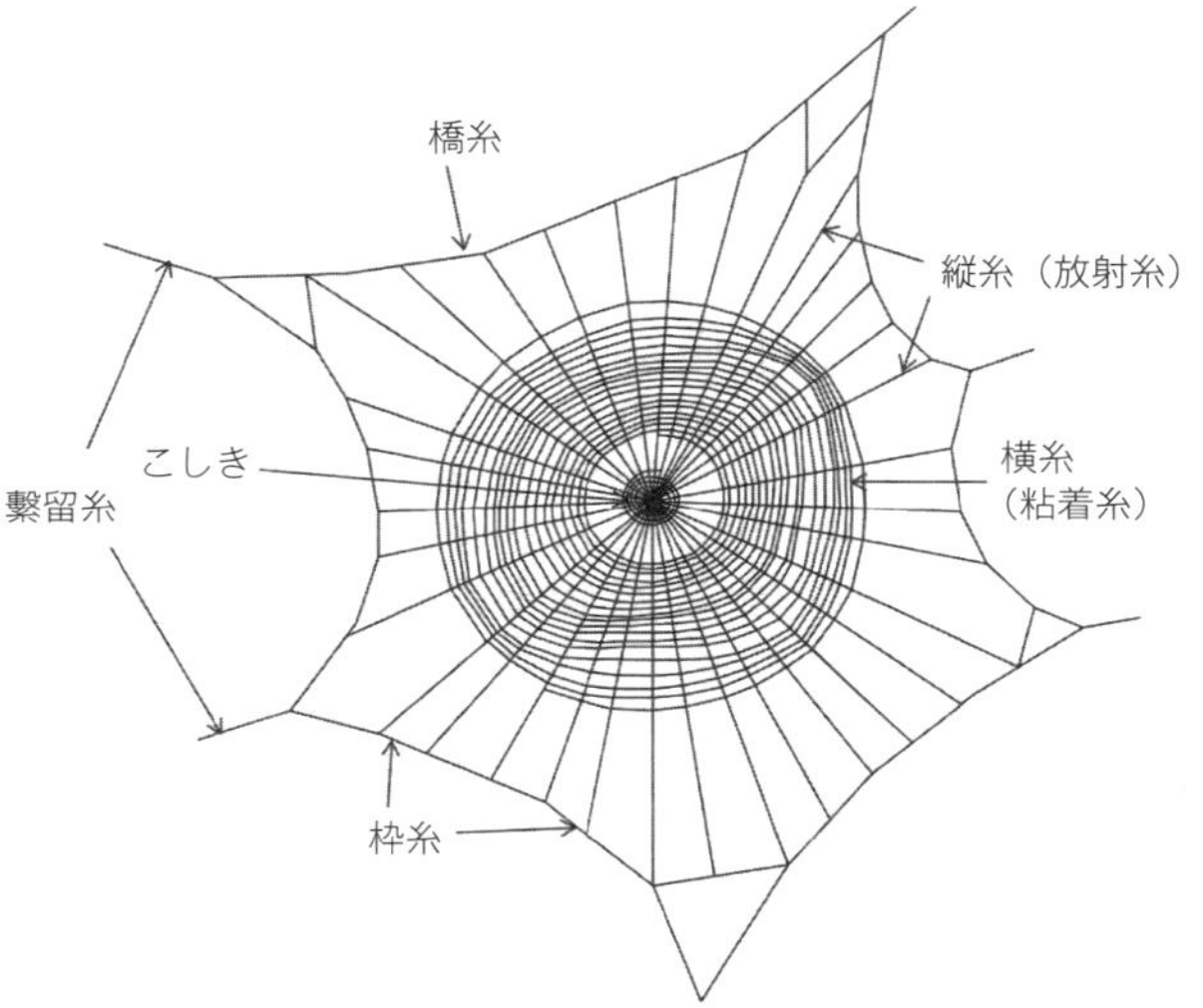

図 33　円網の構成要素。これらの特徴は垂直円網と水平円網とに共通（Peter Loftus により Zschokke, "Research Note," fig. 1 に従って作図）

この最初の糸のネットワークは「プロトウェブ」と呼ばれ、クモがもっと大きな網を張るときに自分の体重を支えるのに使う当座の足場となる。常設の枠糸と縦糸をつくると、足場となった糸を取り除き、ときには食べてしまい、タンパク質をリサイクルする。クモが中心に戻り、次にもう一つの縦糸をつくるたびに、その場所に糸の小さな輪をいくつか結合させる。この輪がだんだん重なって網のこしきとなる。

縦糸が完成すると、クモはハブ（こしき）のところから始めて網の外縁へと糸を引きながら、当座の横糸すなわち足場糸をつくり始める。この糸は、小瓶状腺でつくられる糸でできている。縦糸を規則的な間隔で中心からいっぱいに伸ばしてつなぐと、足場糸で、網はさらに補強される。この筋交いで、クモがその上を歩いても、どの縦糸もたるまないようになる。クモ学者はまだ、なぜクモが自分の網にくっ付かないのかよくわかっていない。「粘つく糸を避ける」「くっ付かない油を足からにじみ出させる」「足の爪を折りたたんでから跳ね返し、糸を押し続ける」などいろいろな仮説はある。理由は一つではないかもしれない。

最後に、網の外側のほうからクモは粘つく捕獲糸である横糸をつくり始める。ウズグモはこしきに向かってぐるぐる動くとき、ねばねばした羊毛のような篩板糸をなすりつけながら擬鞭状腺糸の横糸を大瓶状腺糸の縦糸につなぎとめる。クモが縦糸をわたって進むとき、足場糸を取り除いて食べる。それが終わると、クモは網の隅々までを横糸で埋め尽くす。昆虫が網を通り抜けようとしても、縦糸と粘つく横糸でできた小さな台形の穴しかない。網は捕食者からの隠れ家にもなる。クモは、ハラフシグモかトタテグモの落とし戸やエボシグモの網の場合のように、適当に編んだふたのようなものの後ろにうまく隠れて、網の下側に落ち着く。

ウズグモは、たいていの場合、夕暮れ間近に網を張る。陽が昇ると、暗いあいだは網の下のほうに隠れていた昆虫が光を求めて動き出し、上に向かってひらひら飛ぶようになる。網を上手く通り抜けられて自由になるものもいるが、多くは粘つく横糸に引っかかる。網はその日の朝食を用意する。

進化は完全無欠なもの（完璧、理想）とは関係がない。ある条件下でそこそこやっていける変異であれば、それは生き残るだろう。水平円網をつくるメダマグモ科の場合、糸の進化の方向が、垂直円

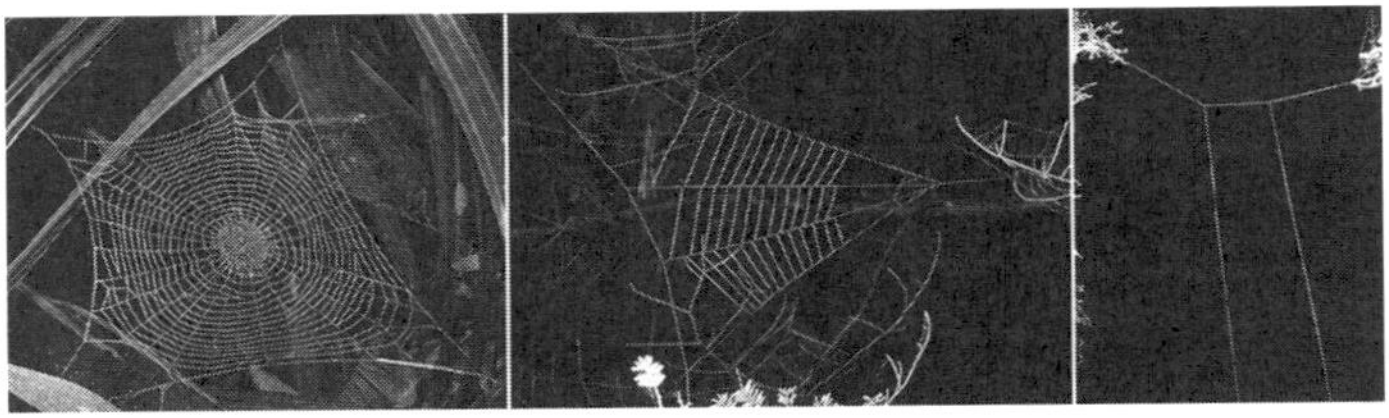

図 34　メダマグモ上科の網。左から順に、ウズグモ、オウギグモ、マネキグモの網（写真は Brent Opell による）

網に収束しなかったことからよくわかる。

ウズグモ科のクモの多くは、飾りのようなものを加えはしたものの、糸の本数を減少させて、円網とはかけ離れた形の網をつくるようになった。三角形の網をつくるオウギグモ属（*Hyptiotes*）は例えば、円グラフの六分の一のように見える垂直な網をつくる。三角形の網は、枠糸、篩板糸の捕獲糸（横糸）と交差する四本の縦糸からなり、繋留糸一本が小枝にくっ付けられ、外側の縦糸の二本がつくる三角形の頂点をそれが引っぱって三角形をピンと張る（図34）。

オウギグモは、活動的な罠の番人だ。網をつくり終えると、繋留糸に沿って移動し、小枝の近くに、逆さまになって頭を網に向けて陣取る。そこではよく、幹の上の芽やこぶと間違えられる。拡大鏡で見るとクモが脚の間に糸の束を抱えていることがわかってしまう。上を向いて、小枝の近くの後脚で繋留糸を手放さないでいて、クモは徐々に動き、網がぴんと張るまで前脚でたるんだ糸を引き戻し、余分な繋留糸を頭の上に巻き取る。昆虫が網に衝突すると、クモはそれを手放す。繋留糸は飛び出し、網は餌の周りにたるむ。網が切れると、篩板糸で覆われた横糸がもがいている餌をますます覆ってしまう。オウギグモは、同じ科の仲間と同じように、しかし生きている化石のハラフシグモ以外のほかのあらゆるクモとは違って、毒腺をもっていない。非武装なので、危険は冒さない。餌が闘争心を見せると、釣り人がかかった魚を弱らせるためにするように、篩板の「釣り針」をぐいと動かして、餌を疲れさせ、クモが比較的危険なしにそれを包めるようになるまで、繋留糸を繰り返し引き締めたりゆるめたりする。

三角形の網は、垂直円網よりも少ない糸を使って餌を取る方法にみえるかもしれない。三角形の網の横糸に塗りつけられた羊毛状の篩板糸は、ウズグモの網の横糸に塗りつけられた篩板糸よりももっと羊毛に似ている。三角形の網の篩板糸はさらに多くの微小繊維でできている。クモの身体の大きさの違いを考えると、二つの型の網で糸を使う量はほとんど同じと言える。[7]

同じことが、同じ科のマネキグモ（*Miagrammopes*）がつくる網についても言える。マネキグモは、建築界の究極のミニマルアーティストだ。彼らはよく、糸でTの字だけの網をつくる（図34）。クモは粘つかない水平の糸を葉の下に渡してから、垂直の捕獲糸の片端をこの糸の真ん中に、もう一方の端を地面に取り付ける。垂直の糸を付け足すこともある。餌を取るのには、オウギグモのように、糸を急に引っ張る方法を使う。篩板のふくらみに昆虫がひっかかるまで捕獲糸をぴんと張っておき、それから垂れさせ、急にぐいと引き、垂れさせ――餌は脱出を阻止するための糸を巻き付けられる。

ウズグモ科とともにメダマグモ上科をつくっているメダマグモ科は、一風変わった直接的に餌を取る方法をあみだした。細長い身体で、脚が長く細いこのクモは、暗闇で狩りをするのにとても役に立つ非常に大きい一対の眼を正面にもつ――そのために鬼面クモと呼ばれることがある。闘士グモと呼

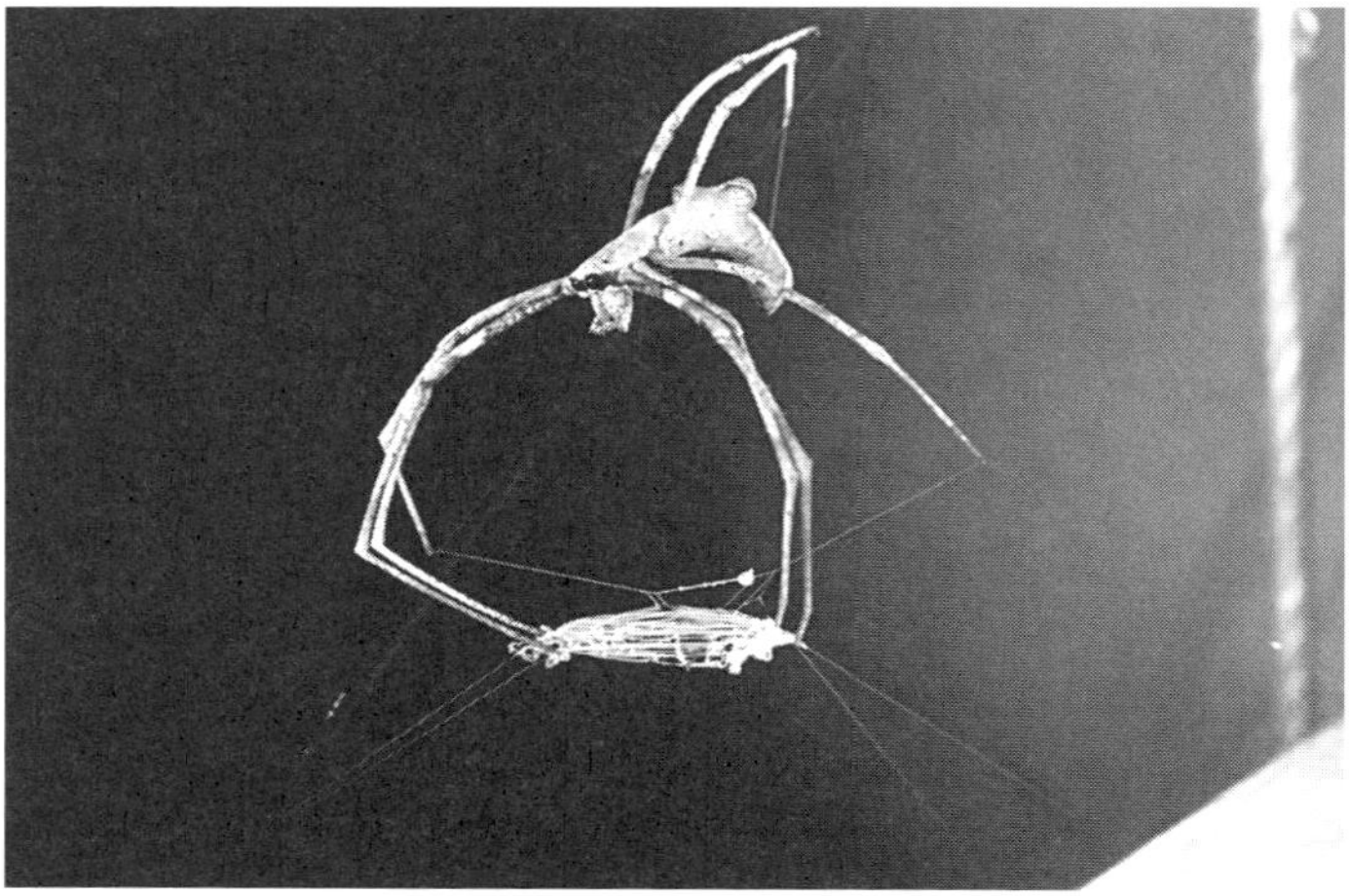

図 35　メダマグモはどんなときでも網で餌をひっつかむ用意がある。網の真っ白な縞は羊毛状の篩板糸（Photograph © NHPA/A.N.T. Photolibrary/Photochot）

ばれることもある。もっともだ。夕方、小さな、篩板糸で幅広の縞をつけた、おおよそ六角形の網を張り始める。クモはこの小さな網を四本の前脚の間に支えて待つ（図35）。餌が手の届くところへ来ると、メダマグモは前脚を上げて突き出し、網闘士がおもりを付けた網で試合の相手を打ち負かそうとするように、網を広げて、犠牲者に襲いかかる。大急ぎで、べったりくっ付く篩板糸の縞の中へ前脚でくるみ込むと、餌は力尽きて牙に倒れる。

オウギグモ、マネキグモ、メダマグモは、メダマグモ上科が、水平円網をつくる彼らの共通の祖先から進化したとき、建築界のミニマルアーティストのほうへ進まざるを得なかったとも考えられる。同じ上科の従兄弟のうちには三次元に網を張るほうへ戻ったのもいる。あるものは円錐形の網を張った。クモはまず、水平円網を張り、こしきに張り綱を付け、平らな円形が、口の開いている深い円錐になるまで強く下に引く。張り綱を留め付けて円錐の深さを保つ。クモはそれから円錐の口の開いている天辺に第二の水平円網を張り渡す。これらのクモの多くは第二の円網でできた蓋の下に、円錐の内側で逆さになって落ち着く。ほかの種は円錐をつくらず、一見無秩序な線を水平円網の上下につくる。これらのクモがそんなにたくさんの糸を円網の上に余計にくっ付けるのはなぜか。円錐と無秩序な水平線が、飛んでくる捕食性の昆虫が、網に住んでいるクモめがけてつっこむのをそらせることができるからだというのが、理由としてはもっともらしい。クモがこの糸の内側にいるのは、サメよけの檻にダイバーがいるのと似ている。

円網をつくるクモの共通の祖先は、特別伸びの良い特殊化した捕獲糸をつくる新しい遺伝子と新しい腺を手に入れ、よく伸びる新しい大瓶状腺糸をつくって、以前のフツウクモ類の網をコンパクトにした、平たいものを設計した。メダマグモ上科はこれらの要素をとり入れ、擬鞭状腺糸や篩板糸を組み合わせて、水平円網だけでなく、メダマグモの網、マネキグモの一本線から円錐形のサメよけ檻まで、いろいろな新しい形の網で飛翔昆虫を捕らえるようになり、多様化した。今日、三百種以上のメダマグモ上科が知られている。

それに対し、コガネグモ上科は、今日、一万一千種を超える数になっている。これはメダマグモ上科の三十五倍以上だ。森の下層からはい上がり、岩の狭い隙間、樹のくぼみから離れて、コガネグモ

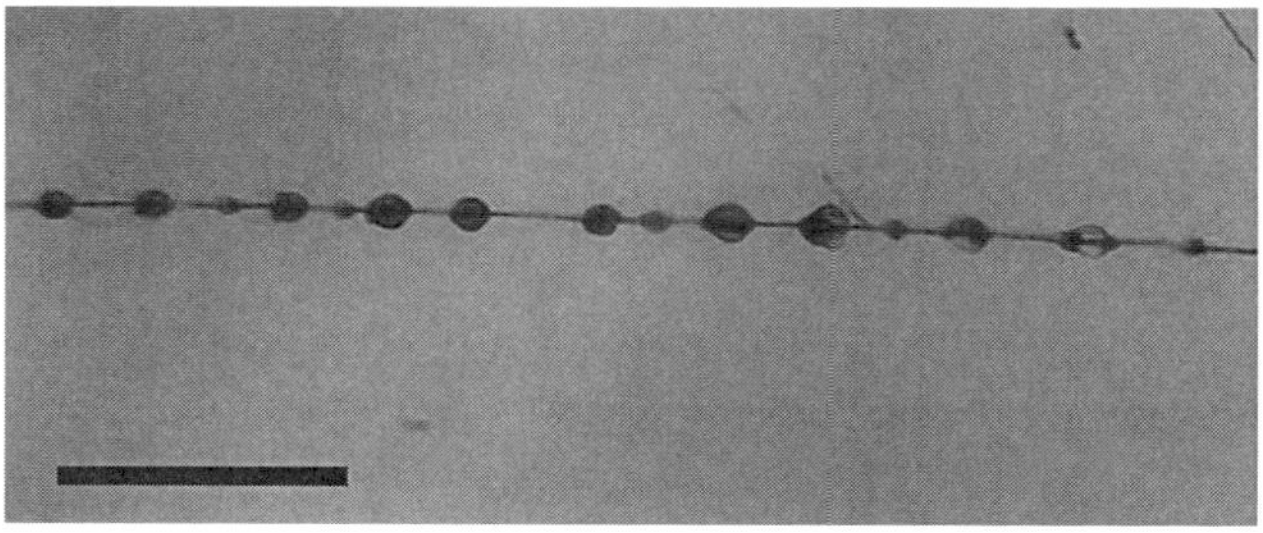

図 36　琥珀に閉じ込められたコガネグモ上科の糸。約 1 億 3,000 万年前、この集合腺のタンパク性粘着物質で覆われた鞭状腺糸が樹脂に閉じ込められ、それが固まって琥珀になった。スケールバーは 0.1 mm（Photograph © 2003 Samuel Zschokke）

上科は、木の枝、丈の高い草の葉、峡谷の壁の間などの無限に広い空間へと糸を使って生息範囲を広げた。

　少なくとも一億三千六百万年前に、コガネグモ上科とメダマグモ上科は共通の祖先から分岐した。化石と遺伝学的証拠によると、それより数百万年前かもしれない。研究者は、コガネグモ上科の捕獲糸と集合腺のタンパク性粘着物質の粘球が約一億三千万年前のレバノンの琥珀のかけらに埋め込まれているのを確認している（図36）。ということは、恐竜が地上を支配していたジュラ紀（二億から一億四千五百万年前）に、初期のコガネグモ上科は垂直円網をつくり始めていたということになる[9]。

　昆虫もまたジュラ紀に劇的に進化した。昆虫の化石が、これまでに発見された最古の陸生節足動物の化石とともに出現している。約二億五千万年前までに、カゲロウ、トンボ、バッタ、ゴキブリ、チャタテムシ、アザミウマ、カメムシ類（セミ、アブラムシなど）、ハエ、シリアゲムシ、トビケラ、甲虫、クサカゲロウがすべて、少なくとも原始的な形で現れていた。コガネグモ上科が垂直円網を吊るし始める前に、これらの昆虫の多くが急増し始めていた。コガネグモ上科にとってもっとも重要なハエ（のちにカとブヨになった）と肉食性のハチ類（ミツバチとアリの共通の祖先）が加速度的に増え始めた。コガネグモ上科以前のクモとこれらの速く飛ぶ昆虫が——コガネグモ上科以外のクモと現存の速く飛ぶ昆虫のように——追いつ追われつのゲームを展開した。ハエや肉食性のハチ類は、垂平円網やほかのコガネグモ上科の網に衝突しても、たいてい破ったり、もがいたりして自由になることができた。群をなして素早く飛ぶ昆虫を捕らえるような、違った習性をもっているクモは、その兄弟より有利だっただろう。

網の配位だけでなく三つの大きな能力の変化があった。すなわち、半透明な糸をつくる能力、素早く飛ぶ昆虫の衝撃を吸収するのに十分よく伸びる糸をつくる能力、逃げようともがくエネルギッシュな餌をクモがそこへ行くまで捕まえておく糸の能力が、メダマグモ上科の水平円網をつくるクモのほかに、コガネグモ上科の垂直円網をつくるクモに備わった。これらの習性がどういう順序で、どのように関係して進化したのかは、まだ誰にもわからない。ある進化論否定論者は、コガネグモ上科の網はとても複雑で、そしてどの特徴もほかのものがなくては有効に作用しないので、突然生まれたに違いないと考える。

初期のフツウクモとメダマグモ上科がつくった網は、コガネグモ上科の円網の特徴となる多くの要素——宙に浮いている、大瓶状腺と小瓶状腺の糸、円網にすることで糸を節約、ねばねばした捕獲糸——を備えていたので、コガネグモ上科の網が出現するまでクモが生き残るのに十分な食べ物を捕らえることができたのだ。四つのコガネグモ上科の技術革新は、前からある特性が基になっている。ほかの三つがまだ出現していなくても、一つだけでもクモが餌を取るうえで役立つので、革新はどんな順序でも起こりえただろう。

垂直性が、新しい特徴として最初に現れたという可能性は低そうだ。素早く飛ぶ昆虫の飛行路に垂直に網が張られていても、超弾性でもなく、超粘性でもなかったら、ほとんどの昆虫が逃れたに違いない。実際、垂直というだけでは、飛ぶのが遅い昆虫を少し多く捕まえるだけになっただろう。ただ、一定の効果はあったかもしれない。水平円網の場合、飛び込みはしたものの篩板の横糸に最初の衝撃で跳ね返されて、網から離れることがある。垂直円網に飛び込みはしたものの捕まらなかった昆虫は、壁を滑り降りるように網を転げ落ち、篩板糸に余計触って、クモに食べものを思いがけず手に入れるチャンスを与えうる。そのうえ、垂直の網は先例がないこともない。トタテグモでさえ垂直のシート状の巣を吊るすし、オウギグモやマネキグモは垂直面に小型の網をつくっている。[10]

垂直円網を見ることがあったら、指を突っ込んで押してみるとよい。網が壊れずにどこまで伸ばせるかは驚くほどだろう。鞭状腺糸だからだ。大瓶状腺糸の軽さと強さを組み合わせて好きなように模造できるかもしれないので、生産業者と科学者は、ぷつんと切れることなく伸びる鞭状腺糸の驚異的な能力を欲しがった。工業デザイナーは、鞭状腺糸でつくった腱や靭帯に替わるものや、手術用縫合糸を構想した。車の安全性を高めるように設計された衝撃吸収材は計画段階にある（最初の構想は笑いものとなった。研究者は、鞭状腺糸でつくった防弾服は弾丸を止めるだろうが、弾と材料そのものは、攻撃目標の身体に傷口の奥まで入ってからはじき返されることに気付いたのだ)。

円網をつくるクモはすべて、第二の大瓶状腺糸タンパク質であるMaSp 2をつくる。大瓶状腺糸にMaSp 2が加わると、糸はもっと伸びやすくなる。そのアミノ酸配列、中でもGPGモチーフが「ナノスプリング」をつくり出すようだ。MaSp 2は明らかにMaSp 1から進化したと言える。メダマグモ上科の擬鞭状腺糸は、MaSp 2を含む大瓶状腺糸よりよく伸びる。擬鞭状腺糸のタンパク質のアミノ酸配列を指図する遺伝子が、MaSp 2の配列を指図する遺伝子から進化したことも明らかだ(異なった配列の間の関係を数学的に解析すると、擬鞭状腺糸のタンパク質がMaSp 2タンパク質にもっとも近い関係にあることが明らかになる)[11]。

図37にメダマグモ上科のMaSp 2タンパク質のアミノ酸配列、メダマグモ上科の擬鞭状腺糸になるタンパク質のアミノ酸配列、そして鞭状腺糸のタンパク質のアミノ酸配列を並べてある。擬鞭腺糸のタンパク質には、MaSp 2にスプリングをつくるモチーフ、GPGはないが、非常によく似たグリシンに富むモチーフと、大量に反復配列が終止一貫して混ざっている。こうした分子のパターンがより大きな伸展性を発揮している。

鞭状腺糸は擬鞭状腺糸よりよく伸びる――実際、種によっては二倍から六倍伸びやすい。ジョロウグモの鞭状腺糸のタンパク質のアミノ酸配列は、MaSp 2のGPGモチーフに加えて、グリシンの多量の反復を含んでいる。この組合せが、鞭状腺糸の超伸展性を生じさせると研究者は信じている。擬似鞭状腺のタンパク質のように、MaSp 2のアミノ酸配列との間に明らかな類似性がある。

MaSp 2

GXGPGXQGOGXQGPGGYGPG AAAAAAAA

擬鞭状腺糸

[spacer][GPQGGGG]$_{40}$

鞭状腺糸

[GPGGX]$_{41}$[GGX]$_{7}$[spacer]GAGGS[GPGGX$_{n}$]$_{26}$

図 37 三種類の糸タンパク質のアミノ酸配列。擬鞭状腺糸は MaSp 2 より弾力があり、鞭状腺糸は擬鞭状腺糸より弾力がある。「[spacer]」という表記はアミノ酸の反復配列がない部分の記号。擬鞭状腺糸の配列の下付きの 40 は GPQGGGG モチーフが 40 回繰り返すという意味だ。次にまた [spacer] とほかの 40 の GPQGGGG が続き、これが繰り返される。「X」は、いろいろなアミノ酸を, 下付きの「*n*」はそのアミノ酸が繰り返し並ぶ数を示す。(配列は Garb *et al.*, "Silk Genes Support the Single Origin of Orb Webs" および Gatesy *et al.*, "Extreme Diversity," 2605 による)

クモの絹糸腺と糸タンパク質は、ハラフシグモの進化の早い時期から多様化してきた。そして複数の腺それぞれから複数の糸タンパク質をつくりだした。トタテグモも複数の糸タンパク質をつくる。この重複が、クモにとって厳しい環境の時代を生きのびることを可能にしたのかもしれない。最初の大瓶状腺タンパク質 MaSp 1 の進化で、クモは空中の世界を征服することができ（五章参照）、解剖学的構造、生理、行動の比較的小さな変化が大きな見返りをもたらすような新しい領域に進出できた。円網を張るクモの大瓶状腺の第二の糸タンパク質 MaSp 2 が進化したことと擬鞭状腺糸の進化で、メダマグモ上科の水平円網に大きな伸展性が与えられた。この伸展性のおかげで、メダマグモ上科は、まず飛ぶのが遅い昆虫をたくさん捕らえることができ、網をつくるのに要るエネルギーも減った。一方、その後に鞭状腺糸に起こった比較的小さな遺伝的変化で、コガネグモ上科は、飛ぶのが速い昆虫の力に合わせられるようになった。そのうえ、鞭状腺糸のタンパク質の構造のおかげで、網は特大の伸展性を得ただけでなく、半透明になった。光が鞭状腺糸を通り抜け、昆虫には糸が見えにくくなった。

粘性が高い集合腺のタンパク質の出現は、鞭状腺糸の出現以上に、進化というより革命的でさえある。鞭状腺糸は擬鞭状腺糸よりよく伸びるとはいえ、どちらも繊維だ。一方、コガネグモ上科の集合腺のタンパク性粘着物質は、メダマグモ上科の羊毛に似た篩板糸のような乾いた繊維と違って、湿った粘着物だ。コガネグモ上科が、鞭状腺糸で横糸を張るとき、集合腺のタンパク質を液状のまま繊維に沿って置いてゆく。この液体は横糸をコートし、規則的な間隔をおいて小滴になり、湿ったままの状態で光を散乱し、円網に特有のきらめきを添える。粘着物質でコガネグモ上科はメダマグモ上科より確実に優位に立った。集合腺のタンパク性粘着物質は、同じ量の、羊毛のような篩板糸より粘着力が強い。しかも、粘球は昆虫を網に引き寄せる。きらきら光る物体に引きつけられる飛翔昆虫は多い。

集合腺のタンパク質は篩板糸と同じ働きをもっているが、非常に違う――効果的なことは言うまでもなく、とても優雅で、使い道が非常に多い。すべてのクモの糸タンパク質は、初めは液体だが、腺から導管を通って出糸突起に移動する間に導管の内側の細胞が水を抜き取る。クモの体から出て空気に触れるとさらに水を失う。集合腺のタンパク性粘着物質は、その点、異常だ。液体のままで、鞭状腺の捕獲糸の上に居座って、空中の湿気からも水をさらに吸収する。周囲の水を吸収する能力は、多数の化学物質を含む粘球の組成による。このような物質は、ある種の細菌、植物、動物が、周りの液体に水を奪われるような危険に遭うと出てくるのと同じような物質である。周りの液体中の化学物質の濃度が細胞の中より高いとき、細胞から水が奪われる。たくさん水を手放すと、細胞の活動が停止し、細胞は死ぬことになる。細胞がこのような危険に遭うと、水を引き寄せるような物質をつくりだし、内部の水のレベルを最適状態に近づける。同じ物質が集合腺のタンパク性粘着物質の粘性を保っている。[12]

篩板糸から集合腺のタンパク性粘着物質へ切り替わったことで、コガネグモ上科の円網を張る祖先には、篩板とそれに栄養を送る腺が失われた。集合腺がどのように誕生したのかはまだわからないが、進行中の研究から、二、三の妥当と思われる可能性が提案されている。まず、それを供給する出糸管の位置に基づくと、集合腺にはブドウ状腺と共通の由来があるようだ。さらに、この点からすると、コガネグモ上科は、発生が途中で止まった状態にあるメダマグモ上科かもしれない。クモの外骨格は身体を守る一方で、成長を束縛することにもなる。だから周期的に古い外骨格を脱ぎ捨て新しいのをつくる。水平円網をつくるメダマグモ上科の多くのものは、篩板なしで孵化し、最初の脱皮でそれを獲得する。メダマグモ上科は最初から円網をつくるが、若いクモは篩板糸をつくれないので粘つく横糸をつくれない。代わりに、おそらく、ブドウ状腺糸（円網をつくるクモが卵や餌を包んだり、網を飾るのに使う糸）のシートで網を覆う。ちょうどトタテグモと初期のフツウクモでシート状の網をつくるクモのように、若いメダマグモ上科のクモは、網で動きが取れなくなった小さな飛翔昆虫や歩き回る虫を食べる。この初めてのシートをつくる腺が粘度の高いタンパク質をつくるようになれば、クモにとって有利な要因になっただろう。ほかの節足動物の遺伝学的研究から、遺伝子発現のタイミングの差が新たな解剖学的特徴を出現させ、それが有益な適応を生みだすことが明らかになっている。(13)

成体になっても小型のコガネグモ上科は小さな円網をつくる。だが、のちに成長して大きな網をつくる、孵ったばかりの子グモも、小さいながら完璧な円網を張る。

コガネグモ上科の垂直円網には、巨大なのもある。ジョロウグモは脚を広げると十五センチにもなり、直径一・五メートルの円形の網を張るのに三百メートル以上の糸を紡ぎ、六メートルの支え綱で吊り下げる。こういう網は大きいので、網の周辺部に捕まっていて、ジョロウグモの食事を満足させるには小さすぎる昆虫を盗んで生きているイソウロウグモの仲間を多数養うこともある。このサイズの網は重く、大瓶状腺糸の支え綱にかなりの力がかかる。大瓶状腺と鞭状腺の糸を組み合わて網目状にしても、ジョロウグモは、飛び込んでくる小さな鳥やコウモリを一度は受け止められてもそれまでで、そのエネルギーは無駄になる。何時間も網に継ぎをあてるという仕事を残して、鳥やコウモリはたいてい逃げられるのだ。

垂直円網は、小さいのも大きいのも、速く飛ぶ昆虫を捕まえるのにはとびきり上等な装置だ。コガネグモ上科はほかのフツウクモ類より広い空間に移動して、食物源を発見した。食事とは、今や目に見えない濾過器に捕まるハエを待っていることに過ぎないようにさえ思える。

ところがここで再び、クモの物語は、最初に想像したよりはさらに複雑だということが明らかになる。

第九章　因果関係

垂直円網の横糸をつくる超弾性のタンパク質と超粘性のタンパク質は、それ以前にあった糸タンパク質とタンパク性粘着物質から進化した。クモが地球上に出現したとき以来でもっとも劇的で革新的な飛躍は、糸遺伝子の変化に由来する。クモの革新的な変化はそれ以外にもたくさんある。穴に住むハラフシグモの身体と、ごくありふれた垂直円網をつくるクモの身体をよく見ると、違いはすぐわかる。ハラフシグモのほうが大きく頑丈だ。円網をつくるクモの長い繊細な脚と違って、ハラフシグモの脚は太くたくましい。ハラフシグモの腹部には節があって、出糸突起は腹部中ほどの内側に詰め込まれているが、円網をつくるクモの腹部はのっぺりしていて、出糸突起は最後尾にある。ハラフシグモの牙の付いた鋏角は上下に動くが、円網をつくるクモの場合は氷挟みのように左右に開いたり閉じたりする。解剖学者のメスが、解剖学的な違いを明らかにしている。ハラフシグモには、四つの書肺があり、円網をつくるクモは二つの書肺と二つの気管がある。ハラフシグモには毒腺が一つもないが、円網をつくるクモには二つある。さらにハラフシグモには、比較的簡単な絹糸腺があるが、円網をつくるクモには、袋のようなブドウ状腺から末端にしわのある鞭状腺まで、形も大きさも違う腺が多数ある。

クモは、糸を頼りに生きているし、糸はタンパク質で、タンパク質からは直接その元になる遺伝子を突き止められるので、研究者にとって、クモとその糸は、ダーウィンとウォレスの説の裏にある基本的なメカニズム――進化がどのようにして、なぜ起こるのか――を説明するのにこのうえもない材料を提供する。大瓶状腺の糸タンパク質、鞭状腺の糸タンパク質、その他の糸タンパク質の遺伝子が変化することによって機能的な利益が得られたのだが、その遺伝子の塩基配列が明らかになると、比較的小さな遺伝的変異が起これば、それが生物にとっては大きな利益になるということがわかった。

とは言っても、どの程度の小さな変異で、クモの絹糸腺の型が一種類から多種類へと進化したのか、どのようにして出糸突起が出現して、その位置が変わったのか、どのようにしてフツウクモ類が篩板を手に入れ、コガネグモ上科はそれを失ったのかを理解するのは難しそうだ。ダーウィンとウォレスが百五十年前に説を発表して以来、肉眼で見えるレベルでの解剖学的変化と行動の進化的変化が提出する疑問が進化学者に突き付けられ続けてきた。観察と実験により、繰り返しダーウィンとウォレスの進化説が証明されてきたが、解剖学的変化の物質的基盤を明らかにしようという研究が始まったのは、一九八〇年代からに過ぎない。一八五八年、ダーウィンとウォレスは、のちに進化と呼ばれるようになった科学的革命を公表した。同じ頃、チェコのモラヴィアでエンドウマメで実験していた、ダーウィンとウォレスの知らないアウグスティノ修道会の無名の修道士が、のちに遺伝学に発展した科学的革命の導火線に、人知れず火をつけた。そして一世紀半ののちの今、進化の難問への究極の答を探し求める研究者は、進化学と遺伝学とプロテオミクスと発生学を融合させて、進化発生生物学または「エボデボ」と呼ばれる新しい革命へ向かっている。

「エボデボ」のさまざまな発見と、*Attercopus*——二十年以上もクモの化石と信じられてきた——の再検討とがあいまって、今やクモの糸システムのもっとも昔の祖先が明らかになった。ここで話はダーウィンの考えと、「有利な変化がある世代から次の世代へ伝えられる」という誤解された考え方から始まる。

ダーウィンは、種の中に個体レベルの変異があることを論文にした。なぜ自然選択の過程には変異が重要か、自分の納得のいくように説明した。しかし、どのようにして変異は起こったのか？　そして、どのようにして形質が世代から世代へ伝えられるのか？　この二つの疑問がダーウィンを悩ませた。それらに対する答がなければ、彼の理論は批判に対して弱いことを知っていた。

今となっては、ダーウィンとその時代の人がどんなにわずかしか生物学について知らなかったかを思いやるのは難しい。『種の起原』は一八五九年に出版された。フランスの化学者で微生物学者のルイ・パスツールは、医学と食品の安全性を一変させる発見をしたが、自然発生（カビやウジ虫のような生き物は、無生物からひとりでにできるという考え）という、まだ広く信じられていた科学的信念を論破しなくてはならなかった。生物学者は分裂による細胞の複製も、生殖における精子の役割も理解していなかった。細菌が病気を引き起こすことは誰も知らなくて、医者は、分娩を扱う際にも、解剖の後に出産や外科手術へと向かうときさえ、手を洗おうともしなかった。当時の最高性能の顕微鏡で細胞核は見えても、細胞の中で起こっていることはほとんど見ることができなかった。変異や遺伝が重要なこともわかっていなかったので、ダーウィンは実験によって立証できる証拠よりも論理に頼らざるを得なかった。この二つの疑問に答えるには、彼の論理は不完全であることがわかった。

一八五六年にブリュン――現在のチェコ共和国のブルノ――で、生物学者が、植物の雑種形成の不思議を研究する計画を立てていた。ヨーロッパの国家経済とヨーロッパ人の日々の生計は、植物の品種改良の結果を予言できるかどうか知りたいと考えた。ヨーロッパ人の日々の生計は、科学と言うよりは予想不可能な技術とも言える農業に相変わらず依存していた。メンデルは、修道院に入ることを師が勧める前に、アウグスティノ修道会のカレッジで科学の研究を始めていた。修道院では修道士たちが科学的知識のある教団員を組織し、最先端の科学図書室を維持し、土地の自然科学会に参加していた。メンデルの大修道院長はウィーン大学に彼を送り、数学、物理学、科学、動物学、植物学を学ばせた。修道院に戻ると、彼は付属の高等学校で科学を教えた。農家で育ち、教師や同僚の修道士にも勧められ、彼は植物育種の問題に興味をもつようになった。

植物の雑種には、農夫と植物育種家に不可解なことがたくさんあった。安定な雑種をつくること、育種家の期待する好ましい性質をその子孫が持ち続ける、植物変種の新しい雑種をつくるのが、なぜそんなに難しいのか？　育種家は、両方の最良の性質を併せもつようになるということを期待して植物の二つの変種を交配するだろう。そして次にこの最良の性質だけをもつものを選んで、それらを交配するだろう。問題は、「先祖返り」――なくなってしまったはずの望ましくない性質をもった子孫――が第二世代あるいは続く世代に現れることだった。この現象は、「融合遺伝」の原理を信じていた植物育種家と植物学者を困惑させた。融合遺伝の考えは、両親の性質はその子供に伝わるときは両方が混ざり、子供には混ざった性質だけが出るというものである。例えば、ある性質が「青」、もう一つが「黄」だとする。この原理によれば、この性質が混ざると「緑」という性質の子供ができる。「緑」の子供を選んで、別の「緑」の子供とかけ合わせると、融合理論によれば、「緑」の子供しかできないはずになる。ところが腹立たしいほどの正確さで、全く予見不可能にみえるパターンで「青」と「黄」の子孫が再び現れてくる。

物理学で身につけた実験の習慣と数学で学んだ統計学に強く影響され、メンデルは、植物育種の結果を予想する統計的方法を実験でつくり出せるのではないかという考えに興味をもつようになった。彼はエンドウマメで実験を始めた。メンデルは、形質は世代から世代へ移るときに混ざるのではないことを発見して、「微粒子」となっていると結論した。例えば、マメは、表面がなめらかか、しわがあるかのどちらかだとする。融合遺伝の原理によれば、なめらかなマメをつくる植物としわのあるマメを作る植物をかけ合わせると、ややしわのあるマメを作る植物の系統になるはずだ。ところが、この交配による何百という第一世代の子孫は、どれもなめらかなマメをつくった。次にこの雑種を交配した。新しい世代は、なめらかなマメとしわのあるマメの両方をつくった。なめらかなマメとしわのあるマメの比は三対一だった。メンデルは、性質がそのまま粒子のかたちで世代から世代へ伝わると演繹的に推理して、最初の雑種世代全体に現れる性質に「優性」、一度隠れて、また出てくる少数の性質に「劣性」と名付けた。この結果をメンデルは、ブリュン自然科学会に提出した。この論文は会の紀要に載せられ、コピーがヨーロッパ中の図書館に送られた。それでもメンデルの発見に注意が払われることはあまりなかった。一八八四年に彼が死ぬと、修道院の管理責任者のために、全力を注がれた研究は放棄されてしまった。

ダーウィンは、メンデルの実験のことは何も知らず、融合遺伝の考えを信じていた。メンデルは、明らかに進化には興味がなかったが、彼の遺伝についての発見は、自然選択の概念について疑いを抱いていた多くの科学者の胸にこたえた。メンデルの論文が読まれないまま図書館の棚に放っておかれた間に、生物学者は、ダーウィンの理論について激しく論争した。その論理をほとんどただちに受け入れるものもあれば、宗教的立場から捨てるものもいた。進化と宗教的哲学を融和させられる人たちも、自然選択を退け、変異と遺伝の背後にあるメカニズムは、ダーウィン自身によってさえ完全に説明できないということを理由にして問題を片付けた。融合遺伝に加えて、ダーウィンは、狭い意味で獲得形質の遺伝を信じていた。それは祖父のエラズマス・ダーウィンや、特にジーン・バプチスト・ラマルクを始め、多くの古い自然科学者によってつくられ、お粗末な形で進められた考えである。ダーウィンは、「パンゲネシス」という仮説を立てた。それによるとすべての体細胞は「ジェミュール」(形質に関する情報の一部分と生涯の生活経験を通して得た性質の一時的変異)を生殖器官に送るというのだ。受精のとき、両親のジェミュールが混ざり、子供にその形質が現れると彼は信じた。

十九世紀末には、融合遺伝と獲得形質の遺伝が、世間にも自然科学者にも広く支持されていた。自然選択説の支持者の中には、両方の考え方は、自然選択を支える論理を弱めるもので、自然選択仮説が正しいのなら、ダーウィンのパンゲネシス仮説は間違っているに違いないと考えるようになった人もいた。融合遺伝が本当なら、自然選択が働くことのできる変異そのものに永続性がなくなるはずである。さらにもし、ラマルクの獲得形質の遺伝の考えが本当なら、偶然による変異は、両親が環境に対して示す反応より重要性は低いだろうから、自然選択が無目的に種をつくりだす力は、ダーウィンが提案したほど強くないと考えた。

十九世紀の生物学者は、まだ画像分析や化学分析ができなかったので、この手強いパズルを解こうとするのに、主として想像と論理に頼らざるを得なかった。ダーウィン側の説の支持者で、続く世代の多くの生物学者に影響を与えることになったドイツの生物学者オーガスト・ヴァイスマンは、遺伝物質は、生物の体細胞から由来するとされたダーウィンのジェミュールではなく、彼が生殖質と呼んだもの、卵と精子の成分だという結論に達した。この遺伝物質はほとんどの生物を形づくっている細胞から隔離されていて影響を受けないので、両親の生活経験によって形づくられることはない。この生殖質が、変異発生の秘密を握っていると彼は主張した。彼の仮説の細かい点は正しくなかったが、ヴァイスマンの考えで、性質を世代間に伝えられるだけでなく変異を生みだすような、特定の正体が確認できる物質を探すことに研究者は熱中した。

一八九〇年代には、多くのヨーロッパの植物学者が、雑種形成と遺伝の問題に興味をもち、それぞれ独立に、彼らの知らなかったメンデルのエンドウマメの実験と本質的に同じことを繰り返した。過去の論文を調べる過程で、どの科学者もメンデルの論文を見つけて、自分の論文のなかでメンデルの発見について議論したり、参照文献として引用した。それらの論文はメンデルの業績を広く読者に気付かせただけでなく、遺伝は融合されたようなものではなく粒子であるという、彼とヴァイスマンの仮説を確実にした。つまり、形質を決める情報は、世代から世代へそっくりそのまま伝えられるのであって、両親の形質が融合して「平均的」になってしまうのではない。

振り返ってみると、メンデルの業績が融合遺伝を論破したことが、自然選択説を広く受け入れるためのお膳立てとなったようにみえる。しかし、依然として研究者はこの粒子状の遺伝断片が何からできていて、どのように自己を表現して個々の生物の形をつくるのかは全くわかっていなかった。

一九〇〇年代の初期に、論戦は新たな方向に向かった。メンデルの発見の結論を進めて、「遺伝が粒子性のものとすると、突然、明らかな解剖学的変化として現れるような大きな変化が遺伝物質に自然に発生するときにだけ新種は現れる」という考えを提出した研究者もいた。この仮説は自然選択説の教義——新種は長い間に少しずつの変異が積み重なってできあがる——と矛盾する。一方、ほかの研究者たちは、メンデルの遺伝の考え方は、彼らが観察する連続的な変異（「しわ」から「なめらか」へ、「黒」から「だんだん薄い青」へ）を説明するには単純化しすぎで融通が利かない（「しわ」があるか「なめらか」か、茶色の瞳か青か）と考えた。

このような論争は、直感的にわかりにくい自然選択説を理解しようと試み、なお努力する、科学者でない人たちの大きな疑問でもあった。大きな解剖学的な違いが、小さな変化の蓄積で説明できる？　有利な変異が子孫に伝わるのは本当か？　両親の片方だけにある有利な変異は、なぜ消えないのか？　進化的変化は小さな変化の蓄積を通してしか起こらないのか、それとも前方へ大飛躍することもありうるのか？　性質を世代から世代へ渡してゆく物質の物理的本質を理解していなかったので、これらの議論は何十年も混乱し続けた。それにもかかわらず、彼らはダーウィンよりは、ずっと答に近づいていた。一八四〇年代初期に簡単な光学顕微鏡（当時得られた唯一の顕微鏡）で細胞分裂を観察していた研究者は、細胞核のなかで多数の棒状の塊が分裂し再配列するのを観察していた。今日、我々はこの塊が染色体だと認めているが、当時の科学者は染色体の化学的正体もその働きも知らなかった。やがて、細胞核が遺伝物質を含むという証拠が積み重なった。一八八〇年代に、ダーウィンが『種の起原』を出版し、メンデルがエンドウ豆の実験をしてから二十年以上後に、生殖質仮説を提唱していたヴァイスマンが、遺伝物質は染色体に沿って並んでいるようだという考えを提出した。一八九〇年代に、メンデルの業績は再発見されると、彼の遺伝法則が、細胞分裂のときと受精のときの染色体のふるまいで説明できることを研究者は示すことができるようになった。

それでもまだ、子孫の身体の発生を左右する遺伝「情報」を染色体がどのようにして化学的に保存し、それが翻訳されるのかは謎だった。染色体は核酸とタンパク質でできていることが、化学分析で明らかになった。タンパク質そのものについては、大量に純化するのが難しいので研究が難しく、まだほとんどわかっていなかった。タンパク質の複雑さが核酸程度だったら、ほとんどの研究者が遺伝物質を核酸でなくタンパク質だと推定しただろう。

未解決の基本的な疑問があまりにもたくさんあったが、二十世紀の初めの数十年間で理論と証拠の収集が非常に進んだ。理論は「現代的統合」として知られるようにまとまり、数学に基づいた高度に専門的なたくさんの論文で、メンデル遺伝学とダーウィンの自然選択説が調和し、進化的変化が徐々に起こり、新種ができてくるのにも大きな変異を必要としないことが説明された。メンデルによって説明できる遺伝子のわずかな変化（物理的特徴が決まる）が、環境で影響される選択圧についてのダーウィンの考えと合わさると、進化現象の説明となる。

ショウジョウバエや植物の実験で、「現代的統合」が予想したように進化が起こることが示された。ショウジョウバエの実験から、特定の変異は染色体の特定の範囲に原因があることが明らかにもなった。それでもなお、どのようにして変異が起こるのか、形質が次の世代へどのようにして受け継がれるのか、そのメカニズムは誰にもわからなかった。分子がどのようにして出糸突起をつくりなさいというメッセージを次の世代へ伝えられるのだろうか？　一匹の雄と一匹の雌のクモのもっている分子が一緒になって、何十という、よく似てはいるが、それぞれは唯一の子グモをつくれるのか？

二十世紀初期、物理学と化学の大躍進で、これらの疑問を解く新しい手段ができた。これまでの光学顕微鏡よりずっと強力な電子顕微鏡と、X線結晶構造解析の発明で、染色体に埋め込まれた秘密に研究者はぐっと近づいた。遺伝研究のモデル生物となっていたウイルスや細菌の細胞構造を、電子顕微鏡でもっと細かく調べられるようになった。X線結晶構造解析で分子の三次元構造を推定することができ始めた。一九二八年に肺炎双球菌から始まり、一九四四年には新しい技術により同じ細菌で続けられ、さらに電子顕微鏡で内部構造が明らかになったばかりのウイルスを使って行われた、三つの異なったチームによる一連の論理的にシンプルな実験で、「遺伝子」すなわち遺伝物質の粒子は、タンパク質でなくデオキシリボ核酸（ＤＮＡ）に収まっていたことが証明された。

答はＤＮＡ分子のつくられ方に関係していることは確かなのだが、まだどのようにして遺伝子が働くのかはよくわからなかった。三つの研究チーム――二つはイギリスに、一つがアメリカに――が謎を解き始めた。ほかの二つのチームの研究、なかでもロンドンに本拠地を置くチームのロザリンド・フランクリンがつくったＸ線回折像から得られた初期の洞察に基づいて、ケンブリッジにいたジェームズ・ワトソンとフランシス・クリックのチームは、ＤＮＡの二重らせん構造を推論した。もう一人の研究者の発見――ＤＮＡの試料は常に塩基のＡとＴ、ＧとＣの量がおおよそ等しい――を基に、ワトソンとクリックは、二重らせんを支えている「はしごの横木」はアデニンとチミンの対（Ａ―Ｔ）とシトシンとグアニンの対（Ｇ―Ｃ）がつくるのだと考えた。彼らは、ＤＮＡの構造の物理的模型をつくり、その発見を一九五三年に発表した。

ワトソンとクリックのモデルは、三つの点で魅力がある。第一に、どのような配列にでも塩基対は分子に沿って整列させられ、塩基配列の違いは、種の間の大きな違いと一つの種の中での個体間の小さな違いを説明できる。第二に、二本のらせんの間にできる横木は常に特定の塩基とだけ対をつくっているので、それが分離すれば正確な二重らせんの複製が起こりうる。分離した一本の鎖の塩基の配列は新しい二重らせんを正確につくるときの鋳型として働くからだ。これで、遺伝情報が両親から子供に、どのようにして伝えられるかを説明できる。第三に、ワトソンとクリックのモデルは、遺伝変異のメカニズムを思いつかせた。ワトソンとクリックは、物理化学の既知の法則で、新しいらせんができるときに、たまたま塩基の置換が起こり、新しい異なった塩基配列ができうることを明らかにした。

ＤＮＡの構造の発見は科学のすばらしい進歩だった。それまでの発見のときにもあったことだが、新たな疑問が出てきた。ＤＮＡの塩基配列がタンパク質のアミノ酸配列をどうにかして決めているに違いないと、多くの研究者がすぐに思うようになった。これは観測よりも論理の問題だった。肺炎双球菌とウイルスの実験が、ＤＮＡが遺伝の粒子すなわち遺伝子を蓄えていることを証明していた。「代謝の先天的障害」がある患者の尿の分析から得られた洞察とその家系の研究を結びつけて考えて、多数の研究者が「一遺伝子、一酵素」仮説を信ずるようになっていた。先天的代謝病が家族の中にあると、それは必ず一個の酵素の欠損と関連があった。障害のない場合には酵素は正常だった。病気が遺伝するパターンはメンデルの遺伝様式と同じだったので、遺伝子と酵素が関連しているという考えになった。のちのパンアカカビの実験からこの仮説が正しいことが示された。そこで研究者は、ＤＮＡの塩基配列が遺伝子そのもので、ワトソンとクリックが発見した分子構造がタンパク質の分子構造に翻訳されると推定した。

でもどのようにして？　研究者はさまざまな方向から問題に迫った。例えば、ビッグバン理論に重要な貢献をした理論物理学者で宇宙科学者のジョージ・ガモフは数学的暗号法の考え方を取り入れ、一個のアミノ酸の「暗号」となるのに必要な塩基の最小数は三だと結論した（二十世紀の初めに物理学と化学に多数の進展があって、大勢の物理学者――クリックもその一人――は、彼らの研究方法や技術が同様な進展をもたらしうると考えて、生命科学に注意を向けた）。わずか二十種類くらいのアミノ酸が生物のタンパク質をつくりあげているという知識は都合がよかった。四つの塩基――A、C、G、T――が、DNAにはある。一つの塩基が一つのアミノ酸の遺伝暗号を表すとすると、DNAは最大四つのアミノ酸の遺伝暗号しか表すことができない。二つの塩基の可能な組合せがそれぞれ一個のアミノ酸の遺伝暗号を表すとすると、DNAは最大十六のアミノ酸を表す遺伝暗号を提供できる。三つの塩基の可能な組合せで、それぞれ一個のアミノ酸の遺伝暗号を表すとすると、DNAは最大六十四個のアミノ酸に対応する遺伝暗号を用意でき、十分である。情報理論からすればこれは道理にかなう。しかし、DNAが実際にトリプレット暗号を使ってタンパク質を特定することが証明されるまでに、そしてすべての暗号が解明されるまでに、リボ核酸（RNA）に関する発見や新たな遺伝研究技術の発明なども含めての実験の積み重ねがあっても十年以上かかった。

一九六〇年代の終わりまでに、メンデルを始めとする研究者たちは、ダーウィンが自身の自然選択説の弱点と認めていた、変異と遺伝に関する疑問のほとんどに対して答を得ていた。彼らは、形質は混ざることはなく、何か固まったものとして世代から世代へ渡されるということを証明した。彼らは、遺伝物質としてDNAを確認し、その構造を分析し、それがどのようにして自分の複製をつくるのかを明らかにした。DNA塩基配列に違いがあるのは確かで、同じ種の中での個体の違いをそれで説明できることを発見した。卵と精子ができるときに、DNAの一部がどのようにして二倍になったり切り離されたりするかを示し、偶然の出来事がどのようにして意味のある遺伝物質の変異となりうるかを示した。DNAの一部が物理的な粒子、すなわち遺伝子の構成要素で、それこそメンデルが最初に研究して観察し、概念化したものだということを証明した。まず推論し、やがて遺伝子がどのようにして生命の基礎的構成要素であるタンパク質の生産を指図するのかを明らかにしたのである。

一九七〇年代から一九八〇年代にかけて、新しい道具と技術が開発され「遺伝子工学」が始まった。DNAやRNAの断片を単離し、分析し、操作する技術だ。遺伝子を単離し、どのようにして遺伝子の特異的変異がタンパク質の特異的変異となり、それが一個の生物の機能の変化になるのかを突き止めることができるようになった。一九七七年までに研究者は、ゲノムとしてDNAをもっているウイルスの五千三百八十六対の塩基の配列を完全に決定した。さらに二〇〇三年には、ヒトの全ゲノム三十億塩基対の配列が決定されたという発表があった。

ゲノムの比較で、ダーウィンとウォレスが正しかったことが明らかになった。カイチュウとショウジョウバエとチンパンジーとヒトで、そんなにもたくさんのDNA断片が同じである理由は、比較的小さな変異が長年にわたり蓄積された結果、彼らがすべて共通の祖先から分かれたからだというのが、唯一の論理的説明だとみられるようになった。

クモは、遺伝子の直接の産物である糸タンパク質に生活を強く依存しているので、進化の背後にあるメカニズムに迫るのにとても適した材料である。クモは、ほかにも脚と鋏角と、糸と直接関係する絹糸腺、出糸突起、出糸管も頼りにしている。遺伝子はタンパク質をつくる。しかし遺伝子はどのようにして脚や出糸突起をつくるのか？　自然選択説が前提とする遺伝子の小さな変異で、例えば、水生節足動物の鰓が出糸突起に変形するのか？

一九六一年、ジャック・モノとフランソワ・ジャコブの率いるフランスのチームが、大腸菌の環境にある変化が起こると、細菌の特定の遺伝子が目を覚ましたり眠ったりすることを発見した。遺伝子が「目を覚ます」と、タンパク質合成を指示し始める。眠ると進行中の生産を止める。フランスのチームの発見はさまざまな示唆を与えた。まず、細胞分化と特殊化の根源的な証拠となった。複雑な生物はたくさんの細胞からなり、細胞はすべて同じＤＮＡ鎖をもっている。それなのに筋細胞、神経細胞、腸の内壁細胞は皆異なった働きをする。もしかするとこれは、異なった細胞では遺伝子が覚めたり眠ったりの組合せが異なっているということで説明できるかもしれない。この発見は、遺伝子が覚めたり眠ったりする時間の長さが生物の機能の発生に重要な役目を果たしているという可能性を示す。そして最終的には、「いつ」遺伝子が覚めるか眠るかが、生物に重大な結果をもたらすという考えを目覚めさせた。

ショウジョウバエの研究から、さらに情報が得られた。ショウジョウバエの遺伝子一個に変異が起こると翅が余計に生えたり、触角の位置に脚ができたりするという発見があった。これは奇妙にみえた。どうして一個の遺伝子――一個のタンパク質をつくるはずの――が、触角と脚を入れ替えるなどという劇的な混乱を引き起こすのか？　一九七〇年代には使えるようになった遺伝子工学の技術で、ショウジョウバエの遺伝子を単離し操作できるようになった。一九八〇年代の初期までに、ショウジョウバエのゲノムには、「触角から脚と二枚の翅の遺伝子」を含む、発生のための遺伝子ツールキットとなっている少数の遺伝子があることがわかった。それぞれが身体の部分の形あるいは数に影響する。このツールキット遺伝子は、モノとジャコブの大腸菌遺伝子を目覚めさせたり眠らせたりするタンパク質と構造が似ているタンパク質を指図することによって働く。オン―オフ（覚めたり眠ったり）のスイッチが、身体の構造を変える役をしているらしく思われた。ほかの研究者が、ゲノム全体では違いが多いのに、ほかの節足動物から哺乳類までの動物のゲノムが、ショウジョウバエのツールキット遺伝子に見いだされる塩基配列と驚くほど似た配列をもっていることを発見した。ということは、これらの配列は重要に違いないと思われた。配列が似ているのは、これらの動物が互いに進化で分かれる前に現れて、何億年にもわたって働いた自然選択にもかかわらず重要だから生き残り、ほとんど変わらず、結局非常に異なった身体の構造ができたというのが、ことのもっとも論理的な説明だ。

正常な眼の発生に非常に重要な働きをすることがわかっている遺伝子は、ショウジョウバエでもマウスでもヒトでも本質的に同じだということを、研究者はすぐに発見した。それどころか、例えば、マウスの眼の発生に重要な遺伝子がショウジョウバエの胚の翅の領域に移植されると、ハエの眼の組織――マウスの眼の組織でなく――が翅のところに発生する。

ショウジョウバエやほかの生物の発生ツールキット遺伝子の操作が続いた。最終的に、一九九〇年代に、胚は未分化の一個の丸い細胞から器用に変化し、複雑に働いて、互いに依存する数千あるいは数百万の細胞の集合になるとき、何百というツールキット遺伝子が一つずつ、またさまざまな組合せで目覚めたり眠ったりすることを研究者は発見した。ツールキット遺伝子が目覚めたり眠ったりしながら、それ自身がほかの遺伝子のオン—オフのスイッチとなるタンパク質をつくるのを始めたり止めたりもする。続くこの一群の遺伝子のオン—オフはタンパク質生産が順次増幅してゆく（カスケードの）始まりとなる。できてくるタンパク質それぞれはさらにその先のスイッチで、発展するか提携するかを細胞に正確に告げる信号、あるいはもっとつくるか死ぬかを告げる信号となる。それ自身をもっとつくれという信号を受けた細胞はそこで同じような組織をつくる、死ねという信号を受けた細胞は組織構造の間——例えば指の間——に空間をつくる。

こうした発生過程を明らかにする研究は一気に進んでいるわけではない。遺伝的な違いによる解学的な違いが説明でき、全過程がそれぞれの動物について詳細に述べられるまでには何十年もかかるかもしれない。ダーウィンが正しいということはすでに十分わかっている。小さな変異が結局大きな違いとなる。自然界の不思議は、小さな変異が身体をつくるときの長い連鎖的な出来事に影響するということだ。

節足動物（クモ、昆虫、外骨格と関節のある脚をもつ動物）も脊椎動物（人間、魚など背骨のある動物）も、モジュールと呼ばれる基本単位からできている。体節のある節足動物は個々のユニットで組み立てられたものと考えられている。一体節に四本の脚、体節の多いヤスデが典型的な例だ。脊椎動物にも基本単位はある。脊椎のなかにある椎骨、それに付随する肋骨と筋肉は、それぞれ椎骨がわずかに変異してできたものである。腕と脚と鰭《ひれ》は、基本単位としての付属肢の変形物だ。これらの基本単位は脊椎動物の胚の中に体節様のふくらみとして観察でき、その分化は、節足動物の体節が分化したのと同様に、ツールキット遺伝子の働きによる。ツールキット遺伝子は、カスケード的に起こる遺伝子からタンパク質への翻訳過程に影響を与えるので、ツールキット遺伝子のどれかにある小さな配列の変異は、比較的大きな解剖学的な違いになるかもしれない。例えば、肢の数、節足動物の体節とか脊椎動物の椎骨の数、あるいは眼の数は増えたり減ったりするかもしれない。もしそのような変異が有利で集団の中に保たれれば、のちに遺伝子の塩基配列の小さな違いが、遺伝現象のカスケードのずっと下のほうでできる身体のパーツの大きさや形の違いとなるかもしれない。クモの異なった種は、例えば、眼の数が違う。数は常に偶数で、二から八の間になる。二つ以上の眼をもつクモは常に大きいのと小さいのが対になっている。

　クモで対になっているものと言えば脚と出糸突起がある。遺伝学的にみれば、出糸突起は脚と同様に、付属肢または胴体の付属物ということが研究でわかった。五億年以上前に遡って、新しい遺伝学的証拠に照らして化石を再調査すると、節足動物の付属肢は、現在は絶滅している有爪《そう》動物の葉脚の太くて短い管のような簡単な肢から受け継がれてきたということに、ほとんどの研究者が同意するようになった（図38）。それは現存のカギムシ（体節のある地表性の生物）が鎧兜を着けたように見える。

図 38　節足動物の付属肢。節足動物の付属肢はおそらく太く短い葉足（左）から進化したのだろう。二枝からなる肢の片方の枝（中央）は鰓由来であることが多い。クモ、昆虫、その他の多くの節足動物にはそれぞれ独特につくり変えた単肢（右）がある（Peter Loftus による作図）

現存の節足動物の脚は二つの型に分けられる。一つは、枝分かれのない単枝の脚でクモとか昆虫の脚。もう一つは枝分かれのある二枝形で、ロブスター、カニ、化石の三葉虫の脚。二枝形の脚は二つの部分、主に歩く脚の枝と葉脚からなる。二枝形の節足動物の脚は、有爪動物の化石に見られる二つの部分からなる肢から受け継がれたことが確かと思われる。

カギムシ類の脚、ロブスター、カニ、ほかの甲殻類の二枝形の脚、そして昆虫、クモ、その他の節足動物の枝分かれのない脚の細胞にはすべて、*Distal less* と呼ばれる発生ツールキット遺伝子の活性が、胚発生の途中に現れる。ウニから節足動物、哺乳類までの肢の形成に *Distal less* が使われる。それは昆虫の翅をつくるのにも、クモの出糸突起をつくるのにも使われる。遺伝学的にみると、脚、翅、出糸突起すべて初めは脚だった。

それ以外に、まだほかに二種類の発生ツールキット遺伝子 —— *pdm/nubbin* と *apterous* と呼ばれる —— も同じ

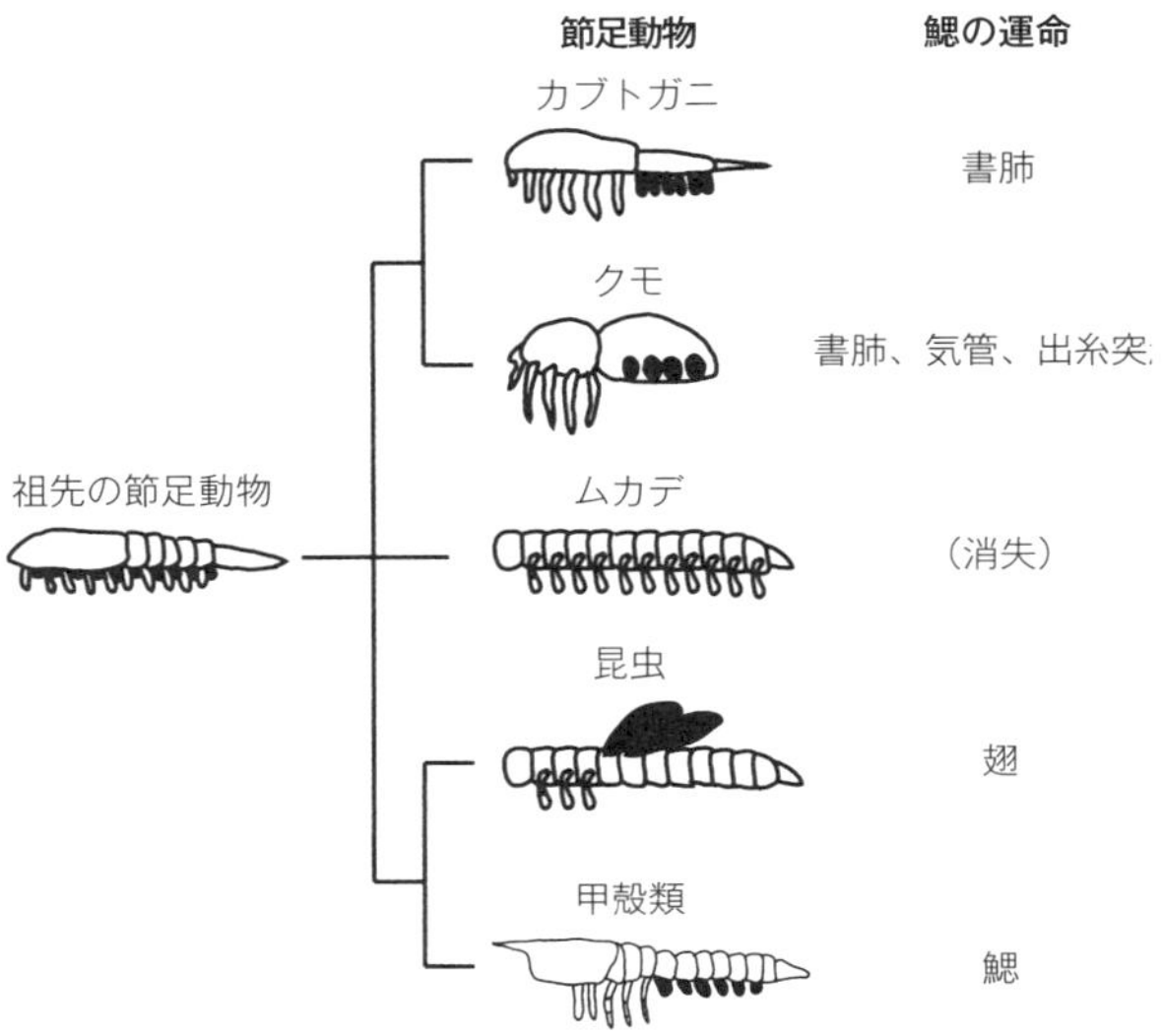

図 39　祖先の鰓の適応。鰓とそれから進化してきた適応的な構造物を塗りつぶしてある（Damen, Saridaki, Averof, “Diverse Adaptat of an Ancestral Gill,” fig. 4 に従った Peter Loftus による作図）

ように昆虫の翅、二枝形の脚の鰓分枝、クモの出糸突起の発生の途中に活性がでてくる（これらは鰓分枝と同じく、呼吸器官であるクモの書肺や気管でも同じように活性を現す）。*pdm/nubbin* と *apterous* は、二枝形の脚のほうの枝や昆虫やクモの枝分かれのない脚では活性を現さない。このような活性の現れ方をみると、翅と出糸突起が、昆虫とクモの共通の祖先である水生節足動物にあった鰓分枝を受け継いだものだということがわかる（図39[1]）。

　最初クモと間違えられたニューヨーク州ギルボアの *Attercopus fimbringuis*（クモ目に入っているが所属不明）化石が一九八九年に発表された

のと、ほとんど同じとき、*Distal less* 遺伝子はショウジョウバエの脚の形成に欠くことができないことがわかった。そのときには、*Distal less* が、ほかの動物でどんな役割を果たすのか誰にもわからなかった。遺伝学で、出糸突起が古代の二枝形の脚の鰓分枝からきたものだということが明らかになったのはまだ十年も後のことだった。今日、エボデボ研究で得られた糸口と、*Attercopus* やほかの誤認されていた化石の再調査から、ついにクモ独特の糸を製造する器官の始まりがはっきりしてきた。

ギルボアの *Attercopus* 化石と、ギルボアの近くのサウスマウンテンで発見されたやや新しい *Attercopus* 化石との比較から、一九九〇年代半ばに、*Attercopus* には出糸突起がなかったことを研究者は確信した。その代わりに腹部の薄板が出糸管で覆われていた。これらの薄板は *Attercopus* の腹部の下側に帯状の線となっていた。生きている化石のハラフシグモは、背板と呼ばれている薄板構造を腹部の上面にもっているが、現存のクモや化石のクモでは下部に薄板のあるものはない。サソリやダニなどほかのクモ形綱では、すべて薄板を下部にもつ種がいる。クモを含むクモ形綱の生物はすべて祖先の、体節があり体節の下側から突き出た脚のある、水生節足動物の子孫だ。種によって体節数が違うのは、発生ツールキット遺伝子の変異で、重複、欠失あるいは融合が起こった結果である。同じように、*Distal less* 遺伝子の活性が変化したか、発生のカスケードのずっと下流で遺伝子の活性に変化が起こったことによって、脚ができたりなくなったり、あるいは形が変わったりすることがありうる。

クモ形綱の下側の薄板は、型どおりの外骨格と言うよりは、発生ツールキット遺伝子に変異が起こったために、ほとんど消えかけた肢が融合した痕跡という考えもある。クモとクモ形綱一般に関する発生遺伝学研究は、始まったばかりで、この仮説の真偽は完全に検証されたわけではない。*Attercopus* の子孫あるいはクモと *Attercopus* の共通の祖先の子孫でこれらの遺伝子が再活性化されたら、薄板は再び付属肢となり、これらの付属肢が——クモの肢から派生した出糸突起のように——*Attercopus* が薄板の上にもっている出糸管をつくりだすようになるだろう。(2)

サウスマウンテンの *Attercopus* の化石には、何やらクモらしくない特徴があった。化石には肛門後方の鞭毛（生物学者以外は尻尾のとげと思うかもしれない）があった。この鞭毛は長くて、節があった。ギルボアの近くの化石にもそのような鞭毛が見つかった。*Attercopus* には出糸突起がある、だからクモだ、そしてクモには鞭毛はないと信じられていたので、鞭毛の起源はわからないと研究者は断言した。ギルボア遺跡には、たくさんのほかの節足動物の化石が散らばっていた。だから鞭毛は、そのどれかのものだったかもしれない。クモ類に近いほかのクモ形綱はそんな鞭毛をもっている。サソリモドキ（ムチサソリ）と大型ムチサソリは注目に値する。クモ以外のクモ形綱で腹部の出糸管から糸をつくるものは知られていない。

鞭毛の発見に刺激され、二〇〇五年に、ロシアのウラル山脈で発見された化石を見直したところ、それは長い尻尾のような出糸突起をもっている二億七千五百万年前のハラフシグモであることが確認された。これが最古のハラフシグモ化石ではないとしても、希有の標本——ペルム紀（二畳紀）から発見された唯一のクモの化石——だった。*Permarachne* という名で呼ばれているこの化石は、この長い出糸突起以外ほとんどすべての点が、よく知られているハラフシグモと似ていた。ほかのハラフシグモのように、背板があるように見えた。その牙のある鋏角、脚、頭胸部は、ハラフシグモの解剖学的構造と一致した。出糸突起の上に出糸管はなかった。ほかに識別できる出糸突起はないが、化石になった節足動物の比較的小さな特徴が化石化の前になくなってしまったとか、化石の中に見えにくくなっているとかいうことは、珍しいことではない。*Attercopus* が、出糸突起はないが鞭毛をもっているとなると、*Permarachne* にも同じように鞭毛ができたとみるのが合理的だと思われる。さらに、少し変わった場所にある背板は、*Attercopus* の出糸管を支えているものと似た下側の薄板と考えるとつじつまが合う。二十年もの間、*Attercopus* がこれまでに発見された最古の化石グモと思われていた。ところが、そうではなく、最近まで知られていなかった生き物——近縁生物の一員として、*Permarachne*——クモとクモ形類共通の祖先をつなぐものと思われるものを研究者は発見したことになった(3)。

Attercopus（多分 *Permarachne* も）は、柔らかい出糸突起からでなく、腹部から直接出ている腹部出糸管から糸を放出した。だから、糸は卵を保護するためか、糸の引きずった後をつくるためか、あるいは穴の内張をするためだけに使えたのだろう。全く不可能ではないとしても、ハラフシグモが出糸突起でつくったような巧妙な落とし戸をつくることができたとは思われない。

化石の *Permarachne* は、ハラフシグモ類が現在我々の知っているような形で現れてから少なくとも数千万年は生き残っていたことを示している。しかし後に、ワレイタムシのように——かつてはクモより数が多く、クモに似ているが糸をつくらないクモ形綱の生物——は、どうやら死に絶えてしまった。それ以後の化石も、生きた個体も見つかっていない。毎年、多数の新しい節足動物の種が発見されているので、何か見つかるかもしれない。*Attercopus* か *Permarachne* がまだ生きているなら、どこにでもいるクモと比べると非常に珍しい生き物だ。地上生活の厳しい条件から卵と彼ら自身を守ることに糸は役に立っていただろう。しかし、出糸突起の出現で、最初のクモは糸をもっと効果的に利用できるようになり、捕食者から身を隠す能力が増した。ハラフシグモのときまでに、糸遺伝子と糸タンパク質は多様化し始め、クモの種は以前より速く分化し始めた。その後の歴史を通して、遺伝子変異が新しい糸の産生や糸の使用法に有利なものでありさえすれば、クモは世界中に広がっていったのだろう。

化石は、ダーウィンに進化の考え方を吹き込んだ。しかしダーウィンは遺伝子がどのように働くかについては何も知らなかった。今では、古生物学と遺伝学の最近の発見の組合せ、なかでも発生遺伝学、に加えてダーウィンが得手とした解剖学の詳細な研究を適用することで、我々はクモの起源と驚くべき糸の生産システムの起源にかなり迫ってきている。

第十章　どうやって騙すか

それほど昔ではないが、あるアメリカの旅行者が、西部マダガスカルの落葉樹の森の中に突き出ている広大な石灰岩のカルスト地層、ツィンギ（Tsingy）をよじ登っていた。草木の枯れた灰色の尖峰が、地上四十五メートルのところで、抜けるような青空を背に、地震計が描いたプリントアウトのようにぎざぎざした地平線を描いていた。民間伝承によると、tsingy の語源は（マダガスカルではキーンと発音する）擬音にある。枯れ枝で石を打ったときに出す音を真似している。実際は「つま先」の方言で、そして、マダガスカル人の祖先——いまだに現在の出来事や運命に影響を与えると多くのマダガスカル人が信じている——が、足をしっかりとつけるところがほとんどない地表を横断しなくてはならなかったのを表しているのだと、旅行ガイドは説明した。

旅行者は、ガイドについて、生あたたかい洞窟の中をよろめき歩き、肩幅ほどしかない峡谷を横ばいでじりじり進み、手がかりを探りながら少しずつ登り、焼けつくような、カミソリの刃のようにとがった山の背の石の堆積を乗り越え、迂回していった。洞窟の暗がりから出て、草や細い木が生えている、ときには陽の光がちらちらする森の開けたところに踏み入った。鳥、ミツバチ、スズメバチ、

図 40　マダガスカルのツィンギで森の開けたところに張られた黄金の円網（写真は Leslie Brunetta による）

ハエ、ガやチョウが、ぶんぶん音を立てて、空を飛んでいた。さまざまな形で、透明なものから白いのから灰色の、クモの網が、枝、小枝、岩壁の裂け目にまとわりついていた。数の多いことに、アメリカの旅行者は驚かなかった。シート状、漏斗状、円網、もつれたような網——すべてニューイングランドの森で馴染みのものだった。しかし、森の開けたところを通して石の突起を見渡すと、旅行者は、ある新しいものに目を輝やかせた。穴があいている巨大な黄金の円盤だ（図40）。森の開けたところに張られた太い金色の縒り糸の長さは、ゆうに七から八メートルを越え、それが、直径およそ一・五メートルはある円盤をぴんと張らせている枠糸を支えていた。そしてこのすばらしい小さな太陽の中心には、赤い脚で黒い身体のマダガスカルジョロウグモが脚を広げていた。いったいどんな罠の仕掛け人が、罠を巨大な黄色の警戒信号に変えるようなことをするのだろうか？　餌となるはずのものがそれを見つけて直ちに避けようとしないだろうか？

ジョロウグモ属は、アメリカ合衆国の南部から中南米、アジアの温暖な地域、アフリカ、オーストラリアにわたり三十種近くもいる。黄金の網は、飛翔昆虫には人間の眼とは違う見え方をしているに違いない。そうでなければジョロウグモは、飢えてしまってずっと昔に絶滅している。

そのほかの垂直円網を張るクモは同じように驚くようなやり方で網を装飾する。扇形部分に糸の不透明な縞を貼り付ける。網の縦糸と横糸に森のゴミの破片を編み込むクモもいる。そのうえ、餌の食べ残しを餌取りの場にばらまいたりする。ミツバチとかハエをピシャリとたたこうとしたり、これらの素早く飛ぶ昆虫が動いている小さな物体の上に正確に止まるのを観察すると、彼らが優秀な視覚——人間のものよりいろいろな点で鋭い——をもっていることがわかる。クモの網は小さな昆虫には、人間に見えるよりも不気味な姿を現わし、何億年にもわたり彼らを死に導いてきた。それなら、なぜ昆虫はいまだに網に飛び込むのか、中でも非常によく見えるようにしようとクモが細工したようなものに？

昆虫には、人間やその他の脊椎動物に見えるのとは、世界が違って見える。人間の眼はカメラのように働くので「カメラの眼」と呼ばれることがある。光はいろいろな方向からレンズを通して入り、眼の前面にある構造が光線を絞って、眼の後部に一個の画像を結ばせる。人間の二つの眼は協働して信号をつくり、それが脳に画像の中のさまざまな物体の距離と相対的な深度に関する情報を提供する。人間は色彩豊かな世界に暮らしていて、赤からオレンジ、黄、緑、青、紺に見える長い波長（七百ナノメートル）の光から紫に見える短い波長（四百ナノメートル）の光までの範囲にわたり、色相を知覚する。

昆虫は複眼をもつものが多い。個眼と呼ばれる眼の単位は、それぞれ別々に脳とつながっている。昆虫には数個の複眼をもつのもいれば、二万個以上もつのもいる。空想科学映画と違って、昆虫は何千も重複した周りの画像を見ているわけではない。そうではなくて、一つの単眼は、狭い角度にある物体から反射して、狭い隙間から入れる光だけを記録する。昆虫の脳はこれらの記録を統合して周りの環境を解釈する。一般に、この解釈は、個々の単眼にあたる光の性質と隣り合う単眼にあたる光の性質の間の差異が頼りだ。

人間の眼は眼窩《がんか》の中で動く。頭を動かすか、あるいは物体が動いても頭は動かさないときは、物体か我々のどちらかが速く動きすぎない限り、我々の眼は物体の上に焦点を結んでいられる。それがてきにくくなった後に新しい焦点に移ってゆく。矢継ぎ早のスライドショーを見るのと似ている。これに対して、昆虫の眼は動かない。頭を動かすことによってしか眼を動かせない。空中を勢いよく進むとき、画像はすごい速さで眼を横切る。しかし昆虫の脳は動く画像を「分析する」という仕事――別々の画像の間にある境目を知覚することに長けている。例えばミツバチは、人間が見分けられる最も速く動く画像より四倍も速く動いている画像を分析できる。我々が、ぼんやりとしか見ていないとき、ミツバチははっきりと物体を見ている。実際ショウジョウバエには、ハエか物体のどちらかが動いているときのほうが、両方が静止しているときよりも、物体がよく見える。物体に近づくとき、ハエはよく不規則な飛び方を始めるが、それは多分、細部をよりよく見るために物体に対する彼らの動きを相対的に大きくするという積極的な試みなのだろう。

動きは、昆虫が距離を知覚するのにも役立つ。昆虫の二つの複眼の視野は重ならないので、昆虫には双眼鏡も三次元視覚もない。三角測量もできない。それをするには眼がくっつきすぎている。そこで、画像の運動速度の比較で距離を判定する。昆虫の近くで動かない物体は、遠くにあるものより速く動くように見える――つまり、昆虫が動くと、昆虫に近い物体から跳ね返る光は、遠くの物体が跳ね返す光より単眼を速く横切る。

昆虫は、そのうえ人間とは違うやり方で色を記録する。紫は人間にとって光のスペクトルの可視部の端だ。それより波長の短い紫外線は見えない。しかし昆虫は、光のスペクトルの紫外部が見える。模様、色のまだら、材質感の層がもっと多い世界を見ている。例えば、花びらに沿って蜜の貯蔵場所へと導く、紫外線を反射する縞のある花が多い。「蜜ガイド」と呼ばれているこれらの縞は人間にはほとんどわからないが、昆虫の眼には飛行場の滑走路の灯りのように目立つ。

ほとんどのクモ学者も、かつては科学者以外の人と同じように、クモの網は、不幸にも誤った航路を選んだ昆虫だけを捕まえる消極的な空気濾過器に過ぎないと信じていた。しかし研究者は、昆虫があるときはためらうことなく網に飛び込むこともあるが、あるときは網に近づくと右に左に飛び、それから迂回することに気がつき始めた。クモは昆虫を騙すことができるときもあるが、かならずしもいつもすべての昆虫を騙すことはできない。何が違うのか？(1)

糸タンパク質の分子構造の違いが、物理的特徴の違いとなる。その特徴の一つは、さまざまな糸タンパク質がさまざまな波長の光を吸収、屈折、反射する程度が違うことである。人間には、種類の異なった網は異なって見える。シート状の網は普通、白か灰色に見えるが、円網はほとんど透明に見える。昆虫にも異なった網は異なって見える。しかし昆虫は人間とは違った見方で網を見ている。

垂直円網が現れる前、トタテグモの巣や初期のフツウクモの網を始め、たいていのクモの網は紫外線を強く反射した。人間には、こういう網は白から灰色の間の色に見える。昆虫には、白っぽい青としてよく見え、紫外線を吸収する背景の土や草木などと区別できる。それならなぜ昆虫はそれらを避けないのか？　一つの答は、円網をつくらないクモも餌の昆虫も、夜行性か薄明かりの中で活動するからということだ。網にあたる太陽光が少ないか無ければ、網が紫外線を反射することもない。

おそらく、初期に現れた糸の紫外線反射率が高いのは、単に自然選択の副産物である。つまり、トタテグモや初期のフツウクモが獲得した有利な糸タンパク質の構造特性が反射特性と偶然に一致しただけだろう。ところが飛翔昆虫にとっては、紫外線は重要な航行信号なので、それが結果的に水平円網をつくるメダマグモ上科に有利となった。紫外線は太陽光の主な要素（皮膚科医は注意する）なので、葉や枝の間にできる紫外線の斑点は、昆虫にとっては遮るもののない空間の信号となる。隠れ家から飛び出して食べ物や相手を捜す昆虫は、よく光る紫外線の斑点に向かって進もうとする。水平円網をつくるクモとその餌は昼間活動するが、太陽がちらちら差す、暗い森の下層に住んでいる。これらのクモは、昆虫の広い空間へ出てゆく道を塞ぐように、木の幹の洞や茎や枝の間の狭い空間に網をつくる。陽が差すようになると、網は紫外線の航路標識を下にいる昆虫に反射する。そこで昆虫は騙されて、自由への道と信じ、まっすぐに網に向かって進む。

コガネグモ上科の垂直円網は、メダマグモ上科の水平円網とは、さまざまな点で違う。鞭状腺糸で伸縮性は増し、粘着性は集合腺タンパク質で大きくなる。これらの二つの新しい糸タンパク質の分子構造が、光と異なった相互作用を生みだす。コガネグモ上科の網は、ほかの色より紫外線をあまり反射しない。だから、陽光の目くらまし斑点として目立つことはない。一見すると、コガネグモ上科の網をつくる遺伝子は、彼らの従兄弟の円網をつくるクモと、その共通の祖先で初めて円網をつくったと思われるクモでも、あれほどよく働いた道具なのに、コガネグモ上科がそれをなくす方向へ進化したのは不思議に思える。しかし、コガネグモ上科には独自のうまいやり方があった。

コガネグモ上科は餌を昼間捕まえる。網を薄暗いところに張るものもいる。しかし多くは、それまでの網を張るクモとは違って、開けたよく陽のあたる空間に網を張った。研究者は、どのようにしてコガネグモ上科が決して間抜けではない飛翔昆虫を騙すかを知るために、昆虫がコガネグモ上科の網の周りでふるまう様子を観察し、どのように昆虫が網を認知しているかを調べた。その結果、コガネグモ上科が多様化するとともに、多数の異なった餌取り戦略を考案したことがわかった。

飛ぶものを網で騙す一つの方法は、糸とその背景にあるもの（普通は草木）、の見え方の違いを減らすことのようだ。超強力な大瓶状腺糸と超弾性の鞭状腺糸は両方ともコガネグモ上科の網では半透明で、ほとんどの光は通り抜けてしまう。しかしながら、集合腺のタンパク性粘着物質の粘球が鞭状腺糸の横糸にべったりくっ付いていて光をいろいろな方向に散乱するので、コガネグモ上科の網が見えないことはない。その前に雨が降っていなくても露が降りていなくても、捕獲らせんが、太陽の光がある角度であたったときに輝くようになるのはこのせいなのだ。

ゆれている葉や枝の影は網の上を素早く横切るので、太陽がゆっくりと位置を変えるとき、あるいは網がそよ風にゆれるとき、それまで影だった部分が消えて、陽があたった部分がまぶしいほどきらきら光る（図41）。昆虫は、コントラストのない領域が絶えず変わる背景に対してコントラストの高い領域を識別する。飛翔昆虫はパターンをよく読む。絶えず変化する状態では、眼に見える網のパターンが乱れ、その輪郭を認知することができない。網の全体像があいまいになって、どこまでが網で、何もない空間はその周りのどこから始まるのか、昆虫にとってわかりにくくなるのである。

そのうえ、集合腺のタンパク質性粘着物質の粘球の輝きは多くの飛翔昆虫を引きつけるらしい。粘球を網から洗い流したとしてもその構造に影響はないし、その他の視覚的性質にも変わりはない。研究者は、何も張ってないプラスチックの輪、無傷の垂直円網を張った輪、集合腺から出る粘球を洗い流した垂直円網を張った輪を、数百のミツバチの目の前に突き付けて反応を試した。網はただのフィルターだと予想していた誰もがその結果に驚いた。ミツバチは洗ってしまった網よりも完全な網のほ

図 41　早朝のコガネグモ上科のクモの垂直円網。横糸の上の粘球（集合腺のタンパク性粘着物質の小滴）が光を散乱して、陽光があたった網の部分がはっきりと見え、影の部分は消える。影の位置は変わるので、網は昆虫にとって紛らわしく見える（写真は Springer Science + Business Media の厚意により、Craig, Freeman, “Effects of Predatior Visibility on Prey Encounter,” p. 254, fig. 5 より転載）

うをよく見ることができた。巣の近くを飛び回っているミツバチの中で、洗った網に飛び込んだのが、完全な網に飛び込んだのより二倍以上も多かった。これはクモにとっては悪いニュースだ。ただし、ミツバチは、洗った網や何もない輪よりずっと多く、最初、完全な網に近寄ったという結果も得られた。言い換えると、粘球は、網を避けやすくしているとしても、いったんはミツバチを網に引き寄せる。

　これらの結果は自然環境では意味をなす。昆虫が飛んでいるとき、きらきら光る垂直円網に引き寄せられる。網を目指して初めて、何かまずいと気がつく。非常に幸運な場合は、網の糸の隙間をなんとか通り抜けて飛び去る。幸運なものは引き返すか、網を迂回するかして進路を変える。不幸なものは、網の上にちらちらする影のところを逃げ道と間違えてクモの罠に猛スピードで進む。

昆虫の運命は、幸運だけにかかっているわけではない。昆虫は学習する。訓練さえもできる。ミツバチを訓練するのは犬を訓練するようなものだ。望み通りのことをしたとき、ミツバチに褒美――普通は砂糖水――を与えると、それを覚える。犬よりも覚えるのが速いことさえある。三回褒美を与えただけなのに、訓練者が選んだ色を、八〇%以上が正しく選ぶ。ミツバチは、正しい形を選ぶのも覚えられる（正しい色を選ぶのを覚えるより難しいが）。ハエ、チョウ、その他の昆虫も、覚える速さは違うが、褒美を使って訓練できる。

ミツバチやほかの昆虫も罰を逃れることを覚える。ハエは訓練者が罰（ゆさぶったり熱したり）を与えたほうが褒美を与えるより学習が速い。ミツバチもいろいろなクモの網の試験のとき、罰によって学習する。

昆虫は、クモの網にぶつかっても、かならずしも殺されるとは限らない。しばしば抜け出して飛び去ることができる。昆虫が網から抜け出すと、それは昆虫には学習となり、クモには問題になる。同じ昆虫は網に用心深くなることを学習してしまっているので、クモは、当面の食事を失うだけでなく、今後食物を取り損なうということになりかねない。金色の網を張るとか、ほとんど目に見えない網にあえて落書きをするような垂直円網を張るコガネグモ上科の一見おかしな習慣が進化したことを、これで説明できるかもしれない。

ジョロウグモは、ほかの垂直円網を張るコガネグモ上科の仲間と同じ糸で網をつくる。しかし、絹糸腺で糸タンパク質ができるとき、黄色の化合物がいろいろな量で加えられる。ジョロウグモは、この色素の質を光の状態に従って変える。森の下層のように、光がかすかなときは、色素をほとんど全くつくらないので、昆虫には、網は薄い黄か白に見える。ツィンギの森の開けたところのような野外の陽光があたる明るい光の中では色素を余計につくり、網は鮮やかな黄色から黄橙色に見えるようになる。クモは意識的にこれらの色素を調節することはしない。いろいろな動物が無意識に陽光の変化に応えて身体の化学的性質を変化させる。人間の皮膚の色の変化も、カメレオンやほかの動物の色の変化同様に、外界の光の性質によって引き起こされる。

ジョロウグモの網は、間違いなく人間の目を引く。しかし飛翔昆虫は、人間とは異なった尺度と異なった角度から網を見る。人間には、網は空間にぶらさがっているように見えることが多い。上からまっすぐあるいは斜めの角度で近づく昆虫にとっては、背景の植物に網が溶け込む。黄色がかった新緑の葉を背景にして張られた黄色い網は、葉と同じように光を反射するので、昆虫にはコントラストがわからない。この色の配合のせいで、昆虫の主な食料源である葉に向かって進むとき、網が見分けにくくなるのである。

黄色の網は昆虫にも人間と同じようにはっきり見えることがある。それでも昆虫は捕まえられてしまう。なぜだろう？　研究者は、ハリナシバチの一グループには太陽の下で自然に色づいた金色の円網を見せ、別のグループのハリナシバチには森から集めた色のない網を見せる実験をした。網にはクモはいないので、ハリナシバチはいつでも網から逃げられる。見えないのか、危険と印象づけられていなかったのか、ほとんどのハリナシバチが色のない網に飛び込んだ。逃げた後は、ずっとそれを避け続けた。色のない網でただ一度だけひどい目にあったことで、それを危険と認識した。一方、黄色の網へは五匹のうち一匹しか飛びこまず、ほとんどのハリナシバチは網を見たら避けた。しかし飛び込みはしたが逃げたハリナシバチは、戻ってきて何回も捕まった。ひどい目にあったことから何も学んでいないようだ。

実験ではない実生活では、ジョロウグモが、網に衝突するものを熱心に監視しているので、黄色い網に飛び込むのは自殺行為なのに、それをしないではいられないという抑えがたい欲望をもつ昆虫が多いようにみえる。人工的に着色した網の実験で、さまざまな色の網はハチを一回は騙せることがわかった。青紫の網を避けることをハチはすぐ覚え、それより長くかかりはしても、緑の網を避けることも覚えた。それなのに、黄、青、あるいは白の網を避けることは決して覚えなかった。なぜだろうか？

飛翔昆虫の食料源は緑の葉や黄または白の花だから、黄または白の糸は昆虫にジレンマを与えるということは道理にかなう。もし黄と白を危険と関連させることを覚えると、ほとんどの花を嫌なものと見始めるだろう。汁気が多くて美味なご馳走の新鮮な若葉は、黄色っぽい。黄色の巣は危険だということを発見しても、それにさからえないハチはいるのだろう。

オニグモの一種である *Araneus cavaticus* は、E・B・ホワイトの「シャーロット」とは違って、網に文字を書かない。しかし十九世紀のアメリカで、人々は、今日の読者ほど標語を網に書くクモが空想であるとは思わなかった。実は、一八九六年に合衆国の二十五代大統領の名前を網に筆写体で織り込んで当選を予言したという噂があるので、垂直円網を張るコガネグモ属（*Argiope*）のクモは、何十年もの間「マッキンリーグモ」として知れわたっていた。その特別な話が忘れ去られても、コガネグモは網に糸で複雑なジグザグ模様をつけるので、「字を書くクモ」ということになっている。ずっと昔に戻って、読み書きのできる人が少なく、大衆には手書き文字が判読できない、くねった線に見えたころ、クモが人間にあるいは仲間に肉太の飾り文字で何を伝えようとしているのかと考えた人が多かったに違いない。

網を飾るクモはコガネグモに限らない。円網を張るクモの系統の中で少なくとも七十種が装飾をする。装飾は、網の安定装置（stabilizer）として働く筋交いに見えるので、かつては（今でもときどき）stabilimenta と呼ばれている。シャーロットが網にメッセージを書いたときには、ホワイトは、大瓶状腺糸を使わせた。シャーロットは鞭状腺と集合腺の横糸を使うことも考えたが、「もし『すばらしい』とねばねばの糸で書いたら……やってきた虫がくっ付いてしまって、効果を台無しにする」[2]と判断した。現実のクモはブドウ状腺糸で網を飾り、卵嚢の保護や餌の拘束衣にも使う。

クモ学者も、網を飾るクモが何を伝えようとしているのかに悩んだ。装飾は昆虫を引きつける方法か？　捕食者か、そうでなければむやみに網に飛び込んでそれを壊してしまうほかのものに近づくなと警告するためか？　捕食者を偽装でごまかす足しになるのか？　これらの問題を解決しようという実験では、ほとんどギンコガネグモ（*Argiope argentata*）に的が絞られた。この美しいクモはアメリカ合衆国南部とカリブ海、さらに中央アメリカからほとんどの南アメリカに定住している。いつも網を飾るわけではないが、一本から四本の斜めの線をいろいろに組み合わせて配置し、それが網の中心を通って十文字形に交差し、結局ゆがんだX形になることがある。

ブドウ状腺糸は、紫外線をよく反射するのに対して、網の残りの部分をつくっている大瓶状腺の糸や集合腺のタンパク性粘着物質である粘球は紫外線をほとんど反射しない。その結果、網の中心を通ってピンと張られている太いブドウ状腺糸の帯は、暗い背景に対してそれを見ている昆虫の眼には鮮やかに目立つ。

実験室や野外の実験で、これらの装飾が昆虫を引きつけることがわかった。水平円網を張るメダマグモ上科の網も紫外線を反射して昆虫を引きつける。メダマグモ上科の網は多分、明るい日光の斑点に向かって飛ぶという強い衝動をもつ昆虫の気に入るのだろう。ギンコガネグモの装飾は、食物源のふりをするらしい。花がいっぱい咲いた草を背景に紫外線で写真を撮ると、装飾が花頭を思わせる（図42）。クモの装飾は精細な模倣ではない。釣り人の毛針のように、餌が本当の食物源と思っておびきよせられる程度の見かけにはなっている。

図 42　装飾つきの網。人間の眼に見える光で撮った写真（左）および紫外線写真（右）。右側の写真の網の装飾と奥にある草花は紫外線を鮮やかに反射しているが、網とその周りの草木は消えたように見える（写真は Catherine L. Craig による。Ecological Society of America の許可を得て転載）

ギンコガネグモはすべて、毎朝網を張り替えるとき、人間には落書きとしかみえないのだが、「食事の用意ができましたよ」というメッセージを網に張りつけているのではないかと思えるのは、そのためだ。ジョロウグモは、ほとんどいつも黄色を糸に混ぜるし、黄色の装飾を張るものさえいる。しかし野外観察で、毎日網を装飾するギンコガネグモもいれば、しないのもいることがわかった。本物の網を使った野外観察と実験が、この謎に対して答を出した。数日、研究者は野外にあるギンコガネグモの網の実地調査をして、注意深く装飾の模様をノートに描きとめた。それから網の傷跡を数えた。どの傷跡も昆虫がぶつかった記録だった。

クモは毎朝、古い網があった同じ場所に新しい網を張る。装飾のまったくない網か、装飾が前日のままの網より、毎日違う装飾になる網は傷跡が多い。それから研究者は、ギンコガネグモのもっとも重要な餌の一つ、ハリナシバチに個体標識を付けて、特定の場所を訪れるように訓練した。三日かけて研究者は装飾を集め、それを移植することにより網を装飾した。半分の網を任意に選んで、異なる任意のデザインを毎日付けた。残りの網は、毎日同じデザインで装飾した。こうして標識を付けたハリナシバチを観察した。毎日同じ装飾を付けた網は、日替わりの装飾を施された網よりハリナシバチがぶつかる率が低かった。ハリナシバチは、最初の日に引っかかったことを認識した網を避けることを覚えたようにみえた。

それぞれの網の装飾が決まっているか変化するかが、昆虫が網にぶつかるかだけでなく、網の周りでどのようにふるまうかを決める、最も重要な因子だということがわかった。最近ぶつかってそれと知った網には近づこうともしないハリナシバチは多かった。絡まったことのある網は特定の場所の記憶として覚えている。どこかほかのところで寸分違わない装飾に出会っても、それを覚えていない。だからもし、二匹のクモが二つの別の場所で非常によく似た装飾を付けたら、あるハリナシバチはこの網のどちらかを避けることを学習していても、もう一つのほうの網に飛び込むかもしれない。

いろいろなコガネグモ上科がどのようにして、またなぜ、最初に網を装飾し始めたかを正確に知ることはできない。系統的な研究から、習慣は何回も独立に進化したことがわかる。コガネグモ上科は、すでにブドウ状腺糸が利用できていて、幅の広い帯のようにして餌を包むのに毎日使っていた。包まれた餌はさらに餌を引きつけたようだ。この紫外線を反射する糸の用途が広がったのは、余分なあるいはずさんな包装でもっと餌を捕まえられるようになったことからかもしれない。

装飾を付けたり装飾し直したりは、賢いハリナシバチを捕まえるための独創的な答のようにみえる。ところが悪いことに、円網を張るクモのもっとも恐れる捕食者――肉食性のハチ――はハリナシバチとは極めて近縁で、眼と脳は似ている。そういうわけで、装飾は網に危険を呼び寄せることにもなる。たまにしか装飾をしないクモは餌を取るのも少ないが、たびたび装飾をして餌を余計取るクモよりも長生きの傾向がある。装飾の習慣がほどほどのクモは、装飾を全くしないクモほど長くは生きないが、たくさん食べる。

色彩を得意とする画家やグラフィックアーティストは、昆虫の視覚による学習を利用する、垂直円網を張るクモだけとは限らない。色彩や装飾があらゆる状況に同じ働きをすることもあり得ない。あるときは、例えば、疑似餌ではなく捕食者から身を隠すための擬態となるかもしれない。自然選択は、生き残りの問題に対して何か完全に理解できる答に収束することはない。その代わり、クモがほんの少し違ったように生きること――別の餌を取るとか、同じ餌を別の場所か別のときに取るとか、捕食者を避けるとか――ができるようになる偶然の変異は、個々のクモが生き延び、それが結局異なった種として繁栄する役に立ち、それぞれ独自の生き方をするようになる。

円網はただの空気濾過器ではない。捕食者と餌の間の駆け引きが毎日行われる舞台であり、そこでは無意識のうちに他者が生きのびるための習性を変化させているのだということが、研究者にはわかっている。肉食性のハチがクモのもっとも恐ろしい捕食者として現れたとき、この平らな舞台は、建設者のクモにとってだんだん頼りないものになってきた。しかし糸の使用法のさらなる変化で、再びクモがハンディキャップに打ち勝つ別の方法が備わることになった。

第十一章　「完璧」を越えて

円網には驚嘆するが、「クモの巣」は払いのけたくなるものだ。円網はテクノロジーと芸術の表れであるが、「クモの巣」は混乱、無秩序、腐食を象徴する。むさくるしいし、粘つくし、要するにむかつくと言ってもよいほどだ。しかし、ヒメグモ科のクモによってつくられた「クモの巣」すなわち立体網のほうが、円網よりも事実上「高等」だ。円網を張るクモが遭遇した環境の問題に上手く対応する円網からの派生物として、立体網は後から出現したことが、コガネグモ上科のクモの解剖学と網の系統的な研究からわかった。立体網は円網ほど美しくないかもしれないが、ある点では巧妙だ。完璧と思われる円網の進化を追い求めることだけが、糸で可能になった新しい方向ではない。

ほかのクモの糸の構築物よりも、立体網と垂直円網を張るクモの子孫がつくる網が、進化に関する一般的な二つの誤解を際立たせる。一つ目は自然選択――「最適者生存」――が、完璧な適応となるという誤解。二つ目は、その完璧な適応が、常に不完全な適応と置き換わり、「前のよりも良い」種が「原始的なほう」の種に打ち勝って、それと置き換わり進化が進んでゆくという誤解だ。円網が、クモの環境への完璧な適応ではないことが今では、わかっている。それでもなおクモは円網を張る。

垂直円網には一つ大きな欠点がある。危険が近づき懸垂下降で逃げようとするときの重要な飛び込み台となってはいるが、平面でできている網には身を隠す場所がない。最初の頃に出現した網にはほとんどどれも、漏斗や管の中、水平なシートあるいは円網の下など隠れ場所があった。円網を張るクモには、ほかのクモや肉食性のハチや鳥など、捕食者が多い。クモの餌を垂直円網におびき寄せる装飾が同時にクモを食べようと探している肉食性のハチを引きつける。

ほかの生物を含む周囲の環境は常に変化しているので、どんな適応も理想的な生き残りの解決とはならない。飛翔昆虫は特定の円網を避けることを覚え、肉食性のハチはそれを探すことを覚えるなど、ほかの生き物がその適応の先手をとって阻止する方法を見つけるかもしれない。結局、適応は完璧である必要はなく、役に立てば十分だ。どんな適応でも、生物が子孫を残せれば、それで良い。もし、ある適応が理想的か完璧に計画されたものだとしたら、それ以上の進化は起こらなかっただろう。しかし実際は、元祖の垂直円網を張るクモの子孫が、餌を取る新しい方法をつくりだして進化している。

おそらく、子孫が獲得した餌を取る方法の中で、不思議きわまりない、もっとも洗練されているようにみえるのが、ナゲナワグモのやり方だ。ナゲナワグモは垂直円網を張るクモのほとんどが含まれるコガネグモ科に属する。ナゲナワグモは、餌が彼らの糸のところまでやって来るのを待たない。その代わりに糸を餌に投げかける。ナゲナワグモは、ある種の雌のガ(蛾)のフェロモンに似たにおい

図43　ナゲナワグモ（イラストは馬場友希による）

を出す。雄のガが射程距離に入ると、その翅の震動がナゲナワグモの感覚刺毛をかきまわし、餌が接近したことをクモに報せる。クモは、先端に巨大な粘球を付けた糸を一本新しくつくりだし、経験豊かな南アメリカのカウボーイのようにそれをぐるぐると振り回す。ピシャリ！――粘球がガにくっ付くとクモは糸を巻いて引き寄せる（図43）。

系統的な研究と網の研究から、どのようにして円網が徐々に巨大な粘球の付いた投げ縄へと進化したかが推測できた。巨大な粘球の付いた投げ縄を投げるクモの近縁に三つの系統のクモがいるが、これらは明らかに単純な形の円網をつくり、ガを捕食している。ガは細かい鱗粉（人が触ると手でこすれて取れる粉）に覆われているので、クモはガを捕まえるのに苦労した。ガが網にぶつかると、鱗粉が網にくっ付いて、ガは飛び去る。鱗粉は、クモの網に捕まるのに対する防御機構として進化したのかもしれない。ガは巨体であって、精力的で、もがくと網は大破することがある。ナゲナワグモの三つの近縁種は、非常に大きな粘着力のある集合腺タンパク質からなる粘球でコートした糸を使い、コガネグモ上科の中でもっとも粘つきやすい、強い捕獲糸を紡ぐ。クモはこの糸を衝撃に耐えられるように、変わったやり方でつくりあげる。ガが捕獲糸にぶつかると、片方の端が網から離れ、その端についた大きな粘球が、ガの鱗粉をこすって外骨格を捉える。ガは捕まって、弾力性のある革紐の端でのたうつうちに、だんだん消耗してくるので、クモは網に引きずって行きそれを殺す。ナゲナワグモの捕獲術は、ガを捕まえることへの適応が洗練されたもので、それまでは完璧な網の建設に投資されていたエネルギーの一部を、一本の捕獲糸と巨大な粘球の生産に向けて転用することになったのだ[1]。

ナゲナワグモの一本の糸へというミニマリズムとは反対に、創意に富む垂直円網を張るクモは、二つの方向へ進化した。一つは円網に何か付け加える方向へ、もう一つの方向は新種のシート状の網と彼らの子孫の立体網へ。付加物のある円網は多様な形をとった。地上に円網を張るクモ（ヨリメグモ科）は森の落葉落枝層か地面に近いところに隠れて暮らす傾向がある。あるクモの種は水平円網を張ったが、次に何本もの繋留糸を絡ませて、平面からこしきと縦糸を引っぱり上げた。巣はサーカスのテントの屋根の間にキャンバスを垂らしたようになる。

コツブグモは、森の地面の落ち葉の重なりにできた空洞のような狭苦しい場所に球状の網を張る（図44）。一般に、垂直円網を張るクモが網をつくるとき、網をつくる場所を探しながら縦糸を配置し、それから網の円の面上にない縦糸をすべて取り除く。ところがコツブグモは、このような糸を取り除かない。そこで球状の網ができる。それはクモが垂直円網を張るクモと同じ手順に従うので、ただ一

図 44　球形のコツブクモの網。この型の網は円網より後に進化した（写真は Jonathan Coddington による）

つでなく、いくつもの面に沿って網の中心から外へと動くことで、このような網をつくっているのかもしれない。さらにほかの科のクモも正統派の円網を変形したものである。カラカラグモは円網をつくってから、中心にあるこしきに牽引糸を取り付け、引っ張って円錐形にする。餌が円錐の中に入って網をゆすると、クモは糸をゆるめる。すると網が跳ね返って、餌にぶつかるのである。

新種のシート状の網と立体網を張るクモは、円網を装飾するクモより数が多い。実際、新種のシート状の網と立体網を張るクモは、円網クモ類の六割近くを占める。種の数で比較すると、円網を張るクモの子孫で、円網を張らないクモのほうが、円網を張る従兄弟よりはるかに栄えている。そのうえ、そういう種は非常に数が多い傾向がある。ある生息地で、すべての円網グモを集めることができたとしたら、そのうちの八割は新しいシート状の網あるいは立体網を張るクモだろう(2)。

サラグモ科は、四千三百種以上と優勢で、ハエトリグモ科に次ぎ二番目に多い。サラグモ類は、世界中、特に温帯地域に非常に多い。それなのに、人間に気付かれないことが多い。サラグモはたいがい小さい。体長が五ミリメートルに満たない。地面に近い落葉の中や植物の茎の根元にいる。彼らは、弾性の高い鞭状腺糸と粘性の高い集合腺のタンパク性粘着物質を含む、シート状の網を張る。その網のシートはとても細い糸で織られているので、露をちりばめたときにしか見えない。露の降りた朝、地面に残された動物の足跡に張りわたされた網が見つかることもある。彼らの細工物の繊細さから、イギリスでは、金運のクモというあだ名が生まれた。もしそのクモが身体に這い上がることがあると、富をもたらす前兆となるすばらしい織物を織りにきたという迷信がある。

あるサラグモ類は、もっと目立つ、もっと複雑な網をシートでつくる。アメリカ合衆国南部によくいるサラグモ類は、シートでつくったボウル形の網を、大瓶状腺絹糸が複雑につながった何本かの丈夫な枠糸（迷網《めいもう》）で吊るす（図45）。迷網はボウルの中にまで伸びている。ボウルより下にクモは平らなシート状の網を張る。ボウルとの間にはわずかな隙間がある。ビクトリア朝風の正式な食卓に見られる、かぎ針編みのマットに載ったフィンガーボウルを想像すれば、わかりやすい。クモはボウル

図 45　フィンガーボウルとマットのようなサラグモの網。「ボウル」が餌を捕まえ、「マット」は捕食者からクモを守る（Ross E. Hutchins Collection, Mississippi Entomological Museum）

の下側に逆さまに留まっているので、かぎ針編みのマットが、その下のほうにいる捕食者からクモを見えなくする。ほとんどの餌は迷網に衝突し、次にボウルの中に落ち込むという悲運に遭う。クモは衝撃を感じるとボウルを鋏角で切り裂き、餌を掴み、包み込む。

　別のサラグモは、網のボウルを逆さにする。そして多数の糸で囲む。このような網はよくあるが、あまりにも繊細なのでよく見過ごされる。太陽がちょうどよい角度であたって、背景が暗いと、半分のシャボン玉のように見える。このサラグモも、餌を捕らえるためと、彼らを捕食者から保護することの両方のために迷網を使っている。

立体網を張るクモ類は、シート状の網を張るサラグモ類の子孫だ。たいていの場合、さまざまなシート状の平らな構造を組み込んだ物が多いとはいえ、網は迷網をもち続け、シートは張らずに済ませた結果のようにみえる。「迷網をもった毛櫛のあるクモ」(後脚にある毛でできた櫛を使って餌の包帯をとりのけるので)として知られる立体網をつくるクモ類はヒメグモ科に属する。ヒメグモ類は、屋内外問わず、人間がもっともよく、出くわすたぐいのクモだ。もし、来客がめざとくも立体網を見とがめるようなことがあったら、「それは教育的な展示物として取ってあるのです」と言い訳すればよい。

現存するヒメグモ科は二千三百種近くいる。そのうち三十種は、悪名高いゴケグモ属(*Latrodectus*)である。一般に信じられていることと違って、雌グモが必ずしもパートナーを食べるわけではない。しかしゴケグモ類は、それほどたびたびではないだろうが、雄を食べる。ゴケグモの夫婦共食いについての昔の報告は、小さな容器に入れられた雄と雌のゴケグモの観察に基づいていた。雌の半分ほどの大きさしかない雄にとっては悪いことに、この条件では交尾後の逃走が妨げられ、餌と間違えられ、結婚の饗宴となった。自然状態では、自ら好んでする後家暮らしは観察する限りではほとんど例がない。しかし、オーストラリアのセアカゴケグモ(*Latrodectus hasselti*)は、相手を食べる。雄の精子を載せた器官がまだ雌の生殖器の入り口に差し込まれている間に、雄は自ら反転して、直接雌の牙のある鋏角の真ん前に腹部を差し出す。精子がまだ流れているのに、雌は雄を食べ始める。この習慣が、雌をより長くわがものにし、ほかの雄がその雌と交尾するチャンスを減らし、自殺的な雄をほかの雄より有利にする——こうして、子供の父となるチャンスを大きくすると信じている研究者もいる。犠牲的行為をしない雄は、いずれにしてもその後すぐ死ぬし、クモ四万種の中でもこの習性は独特なので、それは適応的行動と言うより進化の副産物と言えるかもしれない。

　ゴケグモは世界中ほとんどどこにでもいるが、人間は一般にその雄のことなど気にしない。誇張があるとしても、雌には人間を噛む危険な生き物という評判がある。実際、*latrodectus* という学名は、「ひそかな噛むもの」という意味のギリシャ語からきている。ゴケグモが噛みつくことはいつも稀であったし、ますます稀になっている。ゴケグモは噛むために人間や大型動物を探したりはしない。人間が地球に定住する前、ゴケグモは普通、岩の間の暗い割れ目や倒れた樹と地面の間などにその住み処をつくった。人間のせいで、材木の山、垂木、倉庫の箱の積み重ねや、滅多に使わない長靴の内部というようなところにまでクモの住み処は広がった。人間とゴケグモが時々出くわすことは避けられなくなった。人間が指などをゴケグモの網にたまたま突き刺したりすると、クモは餌への攻撃か、捕食者に対する防御応答の準備をする。ゴケグモが新奇な住み処として好んだところは、暗く暖かいだけでなく、大量のクモの餌がおびき寄せられる屋外便所だった。あるクモ学者が述べている。「ゴケグモは、よく便座の下側の隙間に網を張る。そういう状況は特に男性には危険だ。[3]」

　このような遭遇は、言われているほどよくあることではなかった。悪事などを徹底的に追求するジャーナリズムで知られている記者、サミュエル・ホプキンス・アダムスは、特許医薬品に対してなされた間違ったクレームについて一九〇五年に発表した記事の連載が、一九〇六年に純正食品・薬品法の通過を引き出したことでもっとも有名だ（彼は、クラーク・ゲーブルとクローデット・コルベールがオスカーを受賞した『*It Happened One Night*（或る夜の出来事）』の元となった物語も書いている）。一九四二年に彼は、ザ・ニューヨーカー誌のために、クロゴケグモが噛むという主張について調査し始め、特許医薬品に対するクレームと同様、これらの申し立てにはおおよそ根拠がないことがわかった。「ニューヨーク州北部に私は住んでいますが、その種は稀です。しかし悪質な気性と能力についての噂はあります。長年、……私はそれが噛んだという確実な例と思われるいくつかの報告を集め、手がかりを調べて探し出しました。一症例は、単にスズメバチに刺されたところが感染し重症化したものだと証明されました。もう一つは丹毒になったニキビがもとで引き起こされたもので、疑いをかけられていたクモは、結局全く無害とわかりました。三番目の犠牲者と思われた者は錆びた釘の上に座って破傷風になったのでした。その他の例は、調査しようにもあまりにもうさんくさいものでしたし、たいていは、新聞の全くのでっち上げでした。(4)」

ゴケグモが噛むのは稀だというアダムスの発見を最近の研究者は支持する。ゴケグモの毒がコブラの毒より強力だとしても、クモとその毒腺は小さいので、噛まれてもわずかな量の毒しか入らないとも指摘している。だから噛まれたところを放っておいたとしても、健康な成人が死ぬようなことは、とてもあり得ない。アダムスは、ゴケグモが噛むのは「笑い事ではない」としても、ゴケグモが噛む事故の事例報告は、額面通りに受け取られてはならないと指摘する。抗毒素は使用できるが、副作用を起こすことがあり、健康な成人はそれがなくてもほとんど確実に回復するので、医者は必ずしもそれを投与しない[5]。

ゴケグモに噛まれても滅多に死なないとしても、アダムスが笑い事でないと言うのは正しかった。クモの毒は神経毒で、犠牲者の身体にさまざまな神経伝達物質の過剰放出を引き起こして作用する。神経伝達物質の過剰で、ハエであろうと人間であろうと、絶え間ない、激しい痛みを伴う収縮が筋肉に起こる。毒はリンパ系に、次に血流に入って移動するので、硬直は体中に広がる。胃も心臓も筋肉なので、嘔吐や不整脈が結果として起こるかもしれない。急性症状は人間では三日も続きうる。筋肉の痙攣、刺痛、疲労のようななかなか去らない症状は何カ月も続く。フロリダのジャクソンヴィルでアダムスが、やっと探し出して確かとなった犠牲者は、痙攣はとてもつらくて、厚いベッドカバーを「ティッシュペーパーのように細く引き裂いたと話した。『そんなことたいしたことない思ったら、やってみてください』と（犠牲者の）ルッジェーロ氏は言った」（ルッジェーロを攻撃したクモの肩をもつと、そのクモは逃げようにも逃げられなかった。ルッジェーロは、長いこと履いていなかった長靴をまず振りもしないでいきなり足を中に突っ込んだものだから、クモは逃げ場を失った[6]）。

ルッジェーロは、ある日裏庭で二匹のゴケグモがじっとしているのを発見したとき、復讐の機会を得たとアダムスに話した。泥を運んで巣をつくるジガバチが裏庭に飛び込んできて、三匹目のクロゴケグモを落とした。ルッジェーロは、ナミビアのシャリングモの後を追って掘るベッコウバチのように、泥を運んで巣をつくるジガバチの雌が、クモを針で麻痺させてから、クモの体内に卵を産み付けるのに気付いた。[*] クモはまだ生きているので、蛆は生まれると、いつまでも新鮮なクモを少しずつ端から端までむさぼり食うことができる。アダムスは、ルッジェーロの物語を次の言葉で締めくくる。「それ以来彼は、ジガバチを大事にしてきた。『ジガバチを傷つける人と知ったら誰とでも戦うつもりだ』と真顔で話した。[7]」

ルッジェーロが見つけたゴケグモは、運が悪かった。ゴケグモやほかの立体網をつくるクモの網は、円網がその織り手を守るよりもずっとよく肉食性のハチを防ぐ傾向がある。実際、立体網を張るクモは、肉食性のハチの進化に対応して円網を張る祖先から進化したという証拠を研究者は発見している。

捕食者であるジガバチが出現する以前、しかも鳥類が出現するよりはるか昔、少なくとも一億四千五百万年前までに二次元円網が出現し、少なくとも一億二千五百万年前までに多様化し始めたと、化石と系統的な証拠が示している――同じような証拠から、クモを食べるジガバチは約一億二千万年前に空を飛び回り始めたことが十分推察される。続く数千万年の間に、ジガバチは多様化し数が増えた。それから（地質学的に言って）間もなく、円網を張るクモの子孫が三次元の巣を張るようになっていった。結局、円網の作り手より数が多くなった。これは、二次元の網の作り手があまり活用することができなかったさまざまな機会に、新しい三次元の網の作り手のほうが有利に立ったという印だ。

三次元の網をつくるという習性を復権させたことでクモが得た大きな利点は、今日でも観察できる。肉食性のハチは鳥よりもクモをたくさん食べることは確かだ。ある研究チームの試算によると、たった一種のハチのほうが、クモをよく食べる十五種の鳥の合計よりもたくさんの量のクモを食べることがわかった。ルッジエーロの「泥を運んで巣をつくる」ハチは、ジガバチ、ハナダカバチ、アオジガバチなどとともにジガバチ科に属する。少なくともこの科のうち六属はクモしか狩らない。ジガバチ科のハチ一匹が一日に二十四以上のクモを麻痺させる。研究者は、肉食性のハチの巣の中の憐れなクモの貯蔵量を調べることで、どの種類のクモがもっとも好んで捕まえられるかを個体数調査で明らかにできる。立体網を張るクモとその他のコガネグモ上科のシート状の網を張るクモが、ふつう円網を張るクモよりはるかに数で勝っているにもかかわらず、肉食性のハチの巣の中では、五匹のクモにつき一匹以下しか見つからないことがわかった。一方で、二次元円網のクモは、肉食性のハチが攻撃したのが確実な四匹のクモのうち三匹を占めていた。円網の平らな面では、垂直円網を張るクモが餌になりやすくなる。彼らより若い従兄弟たち、コガネグモ上科のシート状の網を張るクモと立体網

＊原著注：クモと昆虫の相互作用の中で人間の空想家に影響を与えるのは、網が唯一のものとは言えない。高名なアメリカのクモ学者、ヘンリー・C・マックック牧師は、電化と冷蔵が広く行き渡る前に、泥を運んで巣をつくるハチの独創的な食料の貯蔵方法に驚いて次のように書いている。「このように、人間の時代より前に、自然は、肉食性のハチによって、動物の肉を食物としての価値を損なうことなく保存する問題を解決していた。食用にする家畜に応用し、人間が同様な発見をしたのは、ずっと後になってからのことで、肉屋の肉を入れて長い輸送路を運ぶ冷蔵庫によって商業経済の重要な問題が解決された。[8]」

を張るクモは、糸の早期警報システムと粘る障害物で身を守っているのだ(9)。

ジガバチ科のハチが特に多い地域では、立体網を張るクモが、若い従兄弟たちの中にもっともよく見られた。もし一つの立体網を見かけたとしても、すべてを見たことにはならない。なんとなく見ただけでは彼らの網はすべて同じように見えるかもしれないが、立体網の作り手はさまざまな型の網をつくる。自分では網を一つもつくらないで、住み込み泥棒としてほかのクモの円網に住むことを好むクモもいる。きちんと計画通りにつくられた手順に従って垂直円網を張るクモに比べ、立体網の作り手の建設行動には非常に柔軟性がある。同じクモでさえ、網をつくるたびに、さまざまな建設方法を採る。「もつれた網の作者」というあだ名から連想されるようなカオスといったたぐいの言葉と柔軟性は置き換えられない。種によってつくる網の形は異なるものの、これらの網はどれも、捕食者からの攻撃に対してクモを守る三次元の隠れ家になっている(10)。

ゴケグモを始め、多くの立体網の作り手は、垂糸《すいし》（ねばねばした糸）という新しい優れた特徴を網に組み込んだ。クモは造網場所として屋根と床の両方があるところ――例えば、岩と地面の、あるいは椅子の下側とテラスの床との間の隙間、天井とその下に壁のある部屋の隅などを選んでいる。彼らはまず、それから、フツウクモが牽引糸に、そしてメダマグモ上科とコガネグモ上科が円網の枠糸と縦糸に使ったのと同じ糸で水平な足場をつくる。足場に糸の密な部分をつくって隠れ家にする種もある。立体網の作り手は、大瓶状腺糸の牽引糸を使って足場から落下し、集合腺のタンパク性粘着物質で牽引糸の端を床に接着する。それから糸を登って戻り、もう一本の大瓶状腺糸で糸を二重にする。

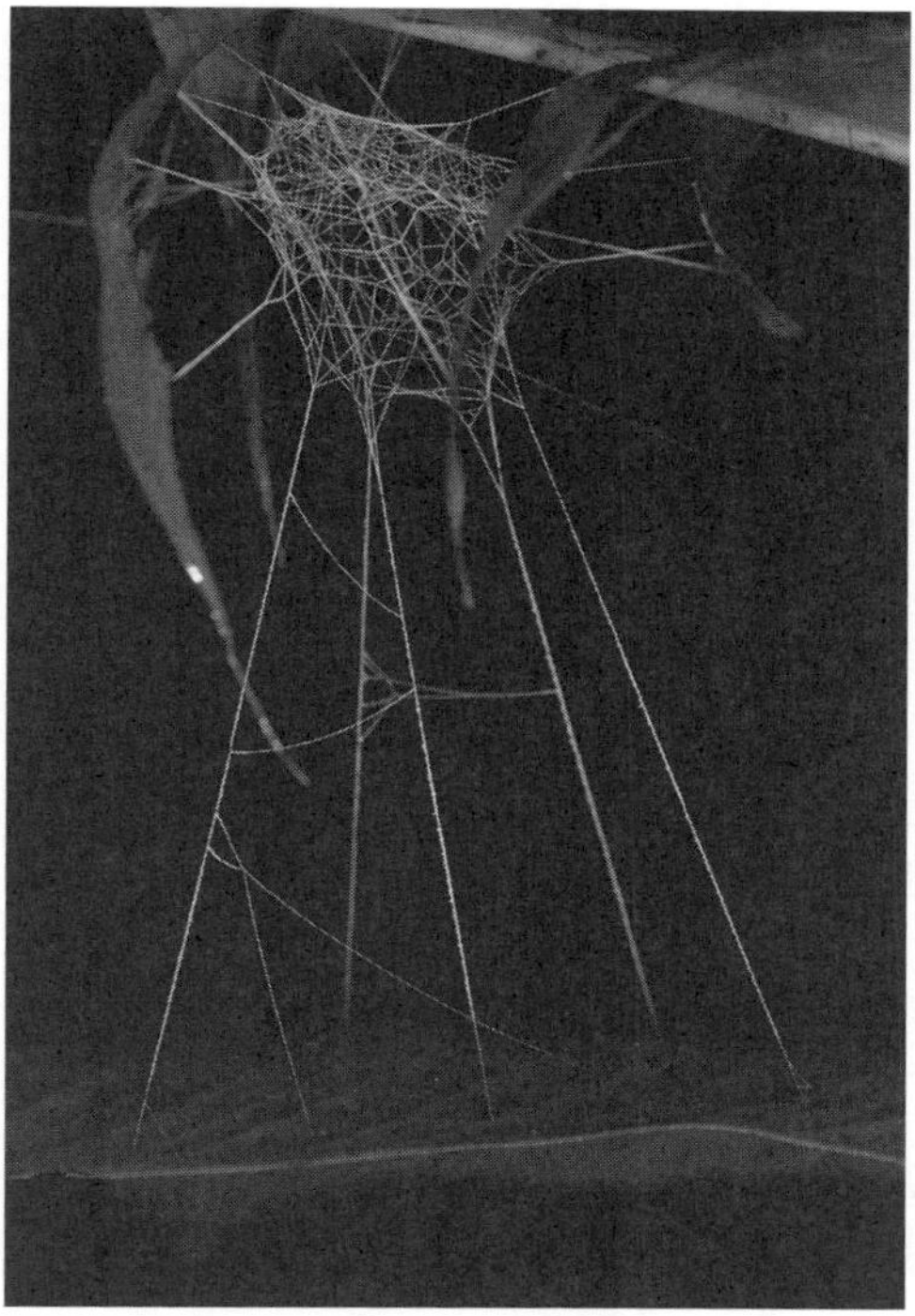

図 46　垂糸をもった立体網。垂糸は餌を捕らえ、待っているクモのところへはね上げる（写真は Todd A. Blackledge による）

同時に、クモは下部の垂糸の近くをさらに粘着物質で覆う。

クモが足場に戻ると、足場に結び直す前に垂糸を引っ張って、線がピンと張っているようにする。こうすると線はばねとなって、限界まで伸ばされたゴムのようにいつでも切れる。この過程を繰り返し、何本もの垂糸で、下の床に罠を仕掛ける（図46）。一方では、クモは上部の糸の密集した部分に隠れて、待つ。床を歩き回っている昆虫がこの垂糸のどれかに触れると、集合腺のタンパク性粘着物質にたちまちくっ付く。虫がもがくと、垂糸と床のつなぎが切れる。ピン！　垂糸は不運な昆虫を隠れ家のところまではね上げる。そこではクモが埋葬用の白布でそれを捕らえる。

垂糸のある立体網は垂直円網よりもクモをよく保護するだけではない。取れる餌も非常に変化に富む。垂直円網の枠糸は乾いていて粘らないので、昆虫が触ったり上を歩いたりするのを妨げることはほとんどない。垂直円網は飛んでいる餌のためにつくられている。それに対して、立体網は、歩いて垂糸に出くわした昆虫だけでなく、粘性のある垂糸の上方の部分にぶつかった飛翔昆虫も捕まえられる。ときには、うまくすると肉食性のハチとの形勢を逆転することさえある。

人間が円網に与える審美的な高い評価を立体網は得られないかもしれない。しかし、立体網が、ある点で円網より工学的に改善されたものであることに疑いはない。水平円網、初期に現れたフツウクモの網、トタテグモのシート状と漏斗状の網、ハラフシグモの糸の内張をした穴などと同様、垂直円網は依然としてクモにとって立派に働く。立体網は、これらすべての糸の構築物から要素を使って、クモが多様な餌を獲れるように、また捕食者からもっとよく守れるようにその形を変更している。部屋の隅から立体網を掃除するのは、長年たまった埃を片付けた満足感があるかもしれない。しかし長年、クモは感動的な糸の発明品をますます進化させてきた。そして立体網は、詳細にみると、絶えず変わり続ける環境とともにある、クモの膨大な歴史の記録のように読める。さて、戸棚の中の箒を使うのをやめようとしない人がいるだろうか？

第十二章　数限りない種類

クモとそれに近い祖先は、動物が陸に住むようになって以来ずっと、腹部の絹糸腺から糸を生産してきている。クモの祖先が最初に、卵を保護するためや穴の内張に糸を使い始めた頃は、地球の陸の大部分は砂利の多い不毛の砂漠で、それを和らげるものといえば、岸辺に生えている短い華奢な植物くらいしかなかった。今では、焼けつくような砂丘からみずみずしく茂った雨林、青々とした谷間の牧草地から山頂の岩にしがみつくようにまばらに生えているコケの絨毯まで、陸は動植物の生息地となっている。クモはそのどこにでも繁栄している。穴の中に身を隠すのにまだ糸を使っているクモがたくさんいる。その他の何万種ものクモは、移動の手段や、捕食者を避けるのに糸を使っている。餌を獲るための糸の使い方に至っては、何千年にもわたって、人間にインスピレーションや驚きを与え続けるものになっている。

四億年前、陸の厳しい環境を生き延びるのに糸は必需品ではなかった。例えば、ヤスデやザトウムシは、糸をつくらなかったが、それでも昔の陸上の先駆者達の中で自分の立場を堅く守って、今でもどこか近くにいる。クモに似ている節足動物、ワレイタムシは糸をつくらなかった。彼らはすでに絶滅しているが、昔の陸上の生活者の中ではもっとも数が多く、一億年以上もの間そのままいた。ヤスデやザトウムシやワレイタムシの例から、クモの糸は生き残るために必須の道具ではなく、多目的な道具のようなもので、それが適応への入り口を開いたことを説明できる。周りの世界が変化したとき、ほかの動物にとってはチャンスとならなかったが、クモには有利となったのだ。

進化学者は、変化する環境に比較的速く適応できる能力をもっているように見える生物集団の特徴を表すのに「進化しやすさ（evolvable）」という言葉を使う。これは、ある生物のゲノムには不安定な断片があって、それが時を越えてその集団に有利になるように働くと考えられている。この不安定な断片が遺伝子変異を引き起こす頻度は、ランダムに起こる頻度より高い。

自然選択は変異によって起こる。集団の中の個体はどれも同じではない。だが違いの程度は集団ごとに異なる。ある集団のゲノムは比較的安定で、その場合は個体のゲノムの違いにはほとんど意味がない。もし集団内の子孫が似かよっていても、周りの環境があまり変わらなければ、安楽に暮らしてゆけるだろう。しかし、急激な気候変化とか新しい捕食者や寄生者の出現のように環境が変化し始めたら、偶然の変異では、これらの変化に適応する個体はできないだろう。集団の大きさが減りだすと、世代ごとに互いに異なる子孫が少なくなってくるので、環境変化に対応できるような個体をつくりだす確率が、偶然の変異ではますます減る。結局その集団は消滅する。おそらくこれがワレイタムシに起こったのだろう。

これに対して、卵と精子をつくるときに平均よりも多く複製の間違いをするゲノムをもっている集団ほど、その間違いが環境に対して有利な性質を子供に与えるようになることが多い。有利な変異を生みだすという傾向そのものが、有利な特質として続く世代に受け継がれる。環境が急速に変化する場合や、集団の中の個体が方々に移動して新しい環境に出会う場合、安定した環境に適応していることよりも自身を変えて適応する能力のほうが次の世代に伝わりやすいだろう。そうして、「進化しやすさ」は、ずっと残る。

クモは非常に進化しやすい動物であることを身をもって示した。クモはさまざまな気候と大気中の酸素濃度、さまざまな餌と捕食者に長期にわたって適応してきた。*Attercopus* がクモの直接の祖先か、直接の祖先の近い近縁生物かはわからないが、もっとも古いハラフシグモの化石は二億九千万年前のものだ。*Attercopus* に近縁の化石、*Permaracchne* は、二億七千五百万年前のものだ。*Attercopus* も *Permaracchne* も、両方とも糸の出糸管をもっていたが腹部の出糸突起はもっていなかった。もし化石の記録が相対的な生息数の正確な表れだとするなら、腹部に出糸突起がなくて糸だけというのは、結局、勝利を得られる取り合わせではなかったのだ。このような生き物はワレイタムシほど多くはなく、ハラフシグモが出現した後まで長くは生き残らなかったようだ。

反復する複数の体節という古代の節足動物の鋳型と脚を形成する遺伝子を基につくられた複数の絹糸腺と出糸突起の組合せによって、最初のクモは *Attercopus* と *Permaracchne* から分かれた。それは、今日の「生きている化石」ハラフシグモの役に立っている組合せである。ハラフシグモは糸でできた落とし戸の下に身を潜めて留まり、計り知れない変化に耐えた。それほどの長生きは進化の成功の一つの尺度となる。

もう一つの尺度は種の数だ。生物のあるグループの種が多いほど、そのグループは環境の好機を活用することができ、そのグループは進化しやすくなっているのだ。クモの進化しやすい能力は主にその糸にかかっている。個々のハラフシグモは、個々のトタテグモのように複数の異なった糸タンパク質をつくる。さらに、トタテグモのいろいろな種は、財布状の巣の羊皮紙に似た織物から漏斗状の巣のか細い繊維まで、構造によって性質の異なる糸をつくる。異なる糸遺伝子の産物と思われるさまざまな糸のおかげで、クモはその進化の初期段階から、地上に生じたさまざまな機会をうまく利用できたのだ。トタテグモ類は、ハラフシグモ類の三十倍近く数が多い。超強力な大瓶状腺糸が信頼できる懸垂下降の綱となって、クモは空中に進出できた。トタテグモの種の数はフツウクモの約十四分の一でしかない。そして超伸展性の鞭状腺糸をつくるコガネグモ上科は、多様化しなかった極めて近縁のメダマグモ上科より三十五倍も多くの種に多様化した。すばらしい新型の糸が現れるたびに、クモの種の数は爆発的に増えた。進化しやすい能力はさらに進化しやすい能力を引き出すのだ。

今ではクモの糸の進化しやすい能力を支える原動力がわかっている。人間がうらやむすばらしい糸の作者、フツウクモ類が、クモの糸研究の集中的な主題となっている。遺伝子内に突然変異を起こしやすい部分が点在していて、複写の間違いが起こりやすくなっている配列そのものの中に進化しやすい能力が含まれていて、彼らの糸遺伝子、すなわち、DNA塩基配列にある塩基の同じ繰返しが、アミノ酸の繰返しとなり、それが糸の丈夫さとか弾力性のような環境への適応に役立つ糸の機能をつくりだしている。常に変化し続ける世界の中で、クモは、それとともに変化するようにもともとなっていたように思われる。

チャールズ・ダーウィンとアルフレッド・ラッセル・ウォレスが考えたように、またクモの進化からも明らかなように、「自然のバランス」というようなものはない。すべての生物が完璧に適応するようなことは決してなかったし、これからもなく、互いに有利な平衡が生じるだけであろう。今日の世界は一千万年前の世界とも、一億年前の世界とも違っているし、今から一千万年後の世界とも、一億年後の世界とも違うだろう。

個々のクモの種は絶滅しうる。現存するクモの科だと思われる、岩の中の化石や琥珀の中に見つかったたくさんのクモは、数百万年も前に死に絶えた種に属する。人間が環境に引き起こす急速な変化が、クモには新たな挑戦となる。屋根裏とか野営地の便所のような人間がつくったものさえ新しい機会となる。アジアの田園地域では農業や住宅建設のために地面が掘り返されるので、ハラフシグモはますます脅威にさらされている。人間と人間以外の要因の組合せで絶滅の危機にさらされたと思われるクモは非常に多い。

しかし、クモは人間よりずっと以前からいたし、遠い将来に人類がいなくなっても、いくらかは存在するだろう。ほとんどの陸生、水生の動物がペルム紀の大絶滅で死に絶えても、クモは生き延びた。酸素濃度が現在より低いときも高いときも、地面に降り注ぐ陽の光が強いときも弱いときも、植物と動物の生息数が多くなっても少なくなっても、クモは栄えた。糸とそれを指図する遺伝子の進化しやすい性質で、何億年にもわたってクモは土地を占める権利を主張できてきたし、今後何億年にわたってもそうできるに違いない。

絶えず変化する地球にクモが生き残り続けるのをみると、我々がたびたび実感する以上に自然界ははるかに複雑で難解だということがわかる。昆虫を捕まえる方法も捕食者を避ける方法も一つには限らない。昆虫は、むやみには垂直円網に飛び込まない。遺伝子からタンパク質、そして糸へは、一、二、三と、まっすぐつながるような過程ではない。かつてはジャンクDNAと呼ばれた、遺伝子と遺伝子との間にあるDNAの断片が、未知の情報をたくさん含んでいて、遺伝子の活性に影響を与えることが、進行中の研究で明らかになりかけているところだ。そのうえ、DNA分子に巻き付いているタンパク質が、環境からくる化学信号を受けて遺伝子とどのように相互作用するかを明らかにする研究が、始まっているところだ。こうした新発見が、近縁の種のクモがつくる糸タンパク質の、小さな不可解な違い、そして同じ種の違う個体がつくる糸タンパク質の違いを説明する役に立つかもしれない。

クモについてまだわかっていないことが多く、彼らがどのようにして進化してきたかを知るにはまだほど遠い。現存するクモすべての共通の祖先は何だったか？　どのようにして最初の絹糸腺は出現したのか？　生きている化石のハラフシグモの糸遺伝子や糸タンパク質構造はどのようなものなのか？　トタテグモ類の糸はハラフシグモ類の糸とどのくらい違い、またトタテグモ類の中で糸は互いにどのくらい違うのか？　さまざまなフツウクモの絹糸腺の起源は何か？　大瓶状腺糸の牽引糸と篩板の羊毛状の捕獲糸のどちらが最初に出現したのか？　どのようにして網の装飾が始まったのか？　飛翔昆虫の視覚は、円網の捕獲糸のらせん形の図形の進化に影響を及ぼしたか？

まだ知るべきことは多いが、クモには糸システムがあり、それがクモの進化を研究するうえで特別に有用な道具である。クモの糸遺伝子から糸タンパク質の構造、それから糸タンパク質の機能へとたどる道は比較的近い。クモの比較的単純な糸システムの足跡を、もっと完全に細かい点まで決められれば、そこから学んだことが、もっと複雑で、わかりにくいシステムを理解しようとする試みの強力な基礎になるだろう。糸タンパク質と丸のままの生物であるクモの進化に対して、同じ糸タンパク質を指図している遺伝子の複数のコピーは、どういう役割があるのか？　クモの糸タンパク質に一般に含まれているいくつかのアミノ酸の合成には、ほかのアミノ酸を合成するほどのエネルギーが要らない。クモの糸のアミノ酸配列の進化に、エネルギーはどのような役割を演じたのか？　これらの疑問への答は、人間を始め、ほかの動物のほかのタンパク質の機能についての疑問に応用できるだろうか？

クモが糸を使うさまざまな方法から、生物学者でない人であっても、自然選択の過程には目的がないということに気付く。自然選択が種を完全に洗練された適応へと駆り立てることはない。ダーウィンとウォレスは、生き残りへの闘争は種と種の間ではなく、一つの種の中の個体の間で行われることを重要視した。この競争の結果、新しい種がさまざまな方向へと進化する。自然選択は優劣のような階層を生むことはない。むしろ、穴に住むクモ、シート網や立体網をつくるクモが同時に多彩に存在することが示すように、自然選択によって、それぞれわずかに異なる方法でわずかに異なる場所に住む、多くのよく似た種が生みだされる。クモにはほとんどの動物より多様で長い発展の過程があるかもしれないが、その点に関してほかの生物と違いはない。

ダーウィンは、自然界の絶え間ない驚きに満ちた複雑な世界を読者と共有するようにと、『種の起原』を以下の言葉で結んでいる。「この生命観には高遠なものがある。さまざまな力で、最初は二、三の種あるいは一つの種に息が吹き込まれ、それからこの惑星が確固たる重力の法則に従って周期運動をしている間に、最初の単純なものから、もっとも美しくもっとも驚くべき無限の種類になって、それは今なお進化している。」

我々はまさに生物学的な革新のただ中にあって、生命に関する視野の広い情報をますます理解できるようになっているところだ。研究者が遺伝子とタンパク質の謎を解き続けるにつれ、遺伝子もタンパク質も、進化の観点から離れては完全に理解できないことが明らかになってきた。見過ごされがちなクモが、驚くほど劇的な進化の物語を伝える。新しい化石を見つけ、野外や実験室での研究を行い、もっと遺伝学やプロテオミクスの知識に詳しくなると、進化がどのようにして起こるのかを――生物学者もそうでない人も同様に――もっとはっきり理解できるようになるだろう。何しろ我々は、ずっと昔から、クモとその糸に魅惑されてきたのだから。

訳者あとがき

この本の最大の魅力は、内容は学術書に近いのに、専門外の人にとっても、読みやすいということだ。

クモの糸は、クモが長く生きて子孫を残してゆくのに必須の物質だ。小さなクモが天敵から身を守るのにも、餌を獲るのにも、それぞれ糸を巧みに使っている。

糸はタンパク質なので、そのアミノ酸配列と働きを支配する遺伝子DNAとの関係を直接見ることができる。その関係を突き詰めてゆけば、ダーウィンやウォレスが一八五八年当時考えた論理の科学的基盤、進化がどのようにして起こるのかを明らかにできる。遺伝子DNAの塩基配列を調べ、クモの糸の遺伝子のわずかな違いが、何種類かある糸タンパク質の機能の違いを生みだしていることが分かってきた。クモの糸タンパク質は少数の特殊なアミノ酸が繰り返し並んでいる部分の多い線状の分子で、糸タンパク質の鋼のような強さとナイロンのような弾力性をその特殊な構造から説明できること、もとは一つの遺伝子が、長い年月の間に少しずつ変化して今日に至っているらしいということも明らかになってきている。

クモは人類が地球上に現れるよりもずっと前からいる。それは植物が生い茂るようになる前からで、化石や琥珀の中にその証拠が残っている。種類も多く、地球上のあらゆる環境で生きている。クモ学という分野まであり、多くの科学者が関心をもっている。本文でも触れられているが、クモは、進化の過程を追求するのに適した生き物だ。それは、遺伝子やタンパク質が少しだけ違っていて、互いに比べることのできる種類がたくさんあるからだ。

しかし、糸をつくる器官や糸を吐き出す突起の種類や身体の中での位置の変化は、糸の進化と一緒に起こったはずなのに、それらがどのようにして進化してきたかまではまだ分からない。共通の祖先も分かっていない。懸垂用の糸、捕獲糸のどちらが先に進化したか、網のつくり方の違いはどのようにして出てきたのか、環境やほかの昆虫（餌、天敵、人類）は進化にどのような影響を与えたのか？クモの糸の進化をたぐることが、よい手がかりとなるはずだ。クモが進化の研究に適しているのは、このほかにもまだあり、クモは進化生物学にとって実に魅力的な生物と言える。

クモは、環境の変化に対して適応しやすい生物であると科学者はみている。進化は遺伝子変異がないと起こらない。糸タンパク質の遺伝子は遺伝子複製のときに間違いが起こりやすいような構造をしている。糸は種の進化を促し、適応の機会を増やしているのだろう。クモは地球の環境がどんなに変わろうと、今後も生き続けるのではないか。

このように考えると、クモは都合よく進化しているようにみえるが、決してそうではない。進化は人間からみて「有利」と考えるような方向にのみ起こるのではない。進化は良い性質、強い生き物となるように起こるという誤解がまだ世の中には多い。その点も、本書には度々指摘されている。分子生物学や進化学だけでなく、さまざまな巣や網（地下や空中、木の下）、面白い餌取り術などクモの生態の記述や、人間が絡むエピソードもあり、これがとても楽しい。本書を読めば、クモに愛着を、少なくとも興味を抱くようになる人が増えるのではないだろうか。

クモに関する学術用語、学名、慣用名を始め、多くの箇所について、宮下 直東京大学教授からご教示を賜った。厚く御礼申し上げます。また、出版にあたって、丸善出版企画・編集部の熊谷 現氏が直接終始お世話くださったことに感謝を申し上げる。

二〇一三年五月　　三井恵津子

読書案内

『クモ・ウォッチング』（原作 *The Book of the SPIDER*）P・ヒルヤード 著、新海栄一・池田博明・新海 明・谷川昭男・宮下 直 訳、平凡社（1995）
『クモの生物学』宮下 直 編、東京大学出版会（2000）
『シャーロットのおくりもの』（原作 *Charlotte's Web*）E・B・ホワイト 著、ガース・ウイリアムズ 絵、さくまゆみこ 訳、あすなろ書房（2001）
『クモ学――摩訶不可思議な八本足の世界』小野展嗣 著、東海大学出版会（2002）
『日本のクモ』新海栄一 著、文一総合出版（2006）
『クモの糸の秘密』大崎茂芳 著、岩波ジュニア新書（2008）
『おどろきのクモの世界――網をはる　花にひそむ　空をとぶ』新海栄一・新海 明 著、誠文堂新光社（2009）
『クモの糸でヴァイオリンを弾く』大崎茂芳 著、現代化学2012年11月号、45頁
『ダーウィン（センチュリーブックス 人と思想）』江上生子 著、清水書院（1981）

『種の起原（上、下）』C・ダーウィン 著、八杉龍一 訳、岩波文庫（１９９０）

『名著誕生 ダーウィンの「種の起源」』（原作 *Darwin's "Origin of Species"*）J・ブラウン 著、長谷川真理子 訳、ポプラ社（２００７）

『ダーウィン「種の起源」を読む』北村雄一 著、化学同人（２００９）

『ダーウィンの思想――人間と動物のあいだ』内井惣七 著、岩波新書（２００９）

『ダーウィン入門――現代進化学への展望』斎藤成也 著、ちくま新書（２０１１）

『動物の生き残り術――行動とそのしくみ』日本比較生理学会 編、酒井正樹 担当編集委員、共立出版（２００９）

Spiderwebs and Silk: Tracing Evolution from Molecules to Genes to Phenotypes, Catherine L. Craig, Oxford University Press, 2003

以下は絶版

『クモの不思議』吉倉 真 著、岩波新書（１９８２）

『クモの糸のミステリー――ハイテク機能に学ぶ』大崎茂芳 著、中公新書（２０００）

クモはなぜ糸をつくるのか？
――糸と進化し続けた四億年

平成 25 年 6 月 30 日　発　行

監修者　宮　下　　直

訳　者　三　井　恵津子

発行者　池　田　和　博

発行所　丸善出版株式会社
〒101-0051 東京都千代田区神田神保町二丁目17番
編集：電話 (03) 3512-3262／FAX (03) 3512-3272
営業：電話 (03) 3512-3256／FAX (03) 3512-3270
http://pub.maruzen.co.jp/

組版印刷・中央印刷株式会社／製本・株式会社 星共社

ISBN 978-4-621-08638-4 C 0045　Printed in Japan

索　　引

【欧　文】

【和　文】

あ　行

か 行

さ 行

た　行

な　行

用語解説

DNA　デオキシリボ核酸。生物の発生と機能に関する遺伝的指令の運び手。

RNA　リボ核酸。タンパク質合成において、DNAがアミノ酸を指図する過程（翻訳過程）に関与する。

アミノ酸　タンパク質の主成分。

遺伝子　ゲノムDNAのうち、タンパク質の産生を指図する部分。

エボデボ　進化発生生物学。発生過程、すなわち生物が一個の細胞から複雑な生物へと成長・発育する過程の進化の研究。

塩基　DNAとRNAの成分。DNAでは塩基の種類はシトシン（C）、グアニン（G）、アデニン（A）、チミン（T）。RNAでは塩基の種類はシトシン（C）、グアニン（G）、アデニン（A）、ウラシル（U）。

円網グモ類　メダマグモ上科とコガネグモ上科を含むクモ類。のちに円網でない網を張るように進化したクモもいる。

管状腺　ほとんどのクモ下目の雌にあって、卵嚢の糸をつくる。名前は、その長い管のような形に由来する。

気管　呼吸管。ほとんどのクモ下目は一対の書肺と一対の気管をもっている。

擬鞭状腺　水平円網を張るメダマグモ上科とその子孫にある腺。メダマグモ上科の水平円網の横糸の芯になる糸をつくる。

擬鞭状腺糸　メダマグモ上科とその子孫が張る水平円網の横糸の芯に使われる、弾力性のある糸。

鋏角　クモの頭部にある牙の付いた付属器官。クモの「あご」と表現されることもある。

共通の祖先　二つ以上の生物系統が、それから分かれて進化してきたと思われる元の種。

強度　繊維が、破壊されるまでにどのくらいのエネルギーを吸収できるかの尺度。

クモ亜目　トタテグモ下目とクモ下目（フツウクモ）を含む亜目。

クモ形綱　節足動物門・鋏角亜門・クモ形綱の仲間。彼らだけがもっている特徴は、胴体部が二つ、脚が八

本で、翅はなく、触角もないことで、クモ、サソリ、ダニ、ザトウムシなどが含まれる。

系統学　生物のある集団の進化の歴史。

系統分類学　種の間の進化関係を明らかにする科学。その関係は、外部形態、遺伝子の塩基配列、タンパク質のアミノ酸配列の比較によって決まる。

ゲノム　生物の全 DNA 塩基配列(生物の機能を維持するために必要な遺伝子群を含む染色体の一揃い)。

剛毛　クモの体を保護する覆いとなり、周りの状況を感じとるのに役立つ「毛」。

コガネグモ上科　鞭状腺糸を紡ぐクモの上科。一万一千種が含まれる。

篩板　糸をつくる板状の器官。何千という小繊維にブラシをかけて捕虫用の糸の束にする。出糸管で覆われている。

篩板糸　篩板と毛櫛をもっているクモ下目がつくる羊毛のような捕虫糸。

篩板腺　名前の由来は篩板。篩板腺はクモ下目の一部のグループだけにある。その腺がつくる糸は、昆虫の剛毛などに絡まりつく。

種　生殖的に隔離している生物の集団。つまり、同じ集団のほかの仲間以外とは、生殖能力のある子孫をつくれない集団のこと。

集合腺　タンパク性の粘着物質をつくる腺で、コガネグモ上科だけにある。鞭状腺から出てくる横糸の芯に塗りつけて粘着性をもたせる。

集合腺のタンパク性粘着物質　コガネグモ上科の横糸などの捕獲糸の上に強力な粘球をつくるタンパク質。

触肢　クモの頭胸部にある第二の付属器管で、鋏角と第一脚の間に一対ある。

出糸管　出糸突起の続きで、そこから糸が押し出されて成形される。剛毛から進化した。

出糸突起　指状または乳頭状突起の付属器官で、クモはそこから糸を押し出す。クモは腹部に出糸突起をもつ唯一の動物。

小瓶状腺　大瓶状腺に似ていることで名付けられた。すべてのクモ下目にあり、大瓶状腺への付加の際と円網をつくるときの足場糸に使われる。

書肺　鰓に似た組織のシートが詰まっている呼吸嚢。クモ形類の酸素交換に使われる。ハラフシグモ類とトタテグモ類には二対の書肺があるが、ほとんどのクモ下目には一対の書肺のほかに一対の気管がある。

進化しやすさ　環境変動に適応する可能性を増すような遺伝変異をつくりだす能力。

生殖球　雄のクモの触肢の先端にある器官。精子の貯蔵器があり、精網から雌の生殖器に精子を運ぶのに使われる。

性選択 自然選択の一形態。性選択により、配偶者にとって魅力のある形態と行動が、続く世代に受け渡されて行く。

精網 雄のクモが自分の生殖器孔から精子をその上に射出し、そこから精子を自身の生殖球に吸い上げる。

生殖細胞 卵または精子の細胞をつくるためだけに特化した細胞。

節足動物 節足動物門に属する動物。体節に分かれた胴体、関節のある脚、外骨格をもつ。

大瓶状腺 瓶のような形のためつけられた名前。大瓶状腺は、クモ下目だけにあって、牽引糸、枠糸などクモ下目の網の主要な糸、円網の枠糸や縦糸、バルーニングに使う糸をつくる。

大瓶状腺糸 クモ下目がつくる超強力な牽引糸。クモがぶら下がる糸。

頭胸部 頭部と胸部が連結した、クモの体の前方の部分。

トタテグモ類 トタテグモ下目の仲間。タランチュラ類を含む。直顎鋏角と腹部下部後方に出糸管をもつ。

ナシ状腺 形が西洋ナシに似ていることからの命名。すべてのクモにあり、糸を基質表面に接着するための付着盤の糸をつくる。

背板 ハラフシグモの腹部の上面にある厚い板。

ハラフシグモ類 ハラフシグモ亜目に属するクモ。「生きている化石」。アジアにのみ見られ、扉付きの穴に住み、腹部の上側に背板がある。

バルーニング 空中移動。糸にぶら下がって空中を滑空すること。

パンゲネシス ダーウィンの仮説だが、のちに間違っていたことが明らかになった。この説では、親の細胞が環境からの圧力に対処可能な形態的情報を集めると考えられていた。これらの細胞はその情報を「ジェミュール」の形で生殖器官に送り、ジェミュールが子孫にその形態の発生を指示すると考えた。親の獲得形質は自己増殖性の粒子ジェミュールによって遺伝する。

反復 DNA 塩基配列あるいはタンパク質のアミノ酸配列が、ある短い配列をつくり、同じものが長い配列の中に次々と繰り返し現れること。

腹部 二つに分かれた胴体の後ろの部分（前の部分は頭胸部）。

フツウクモ類 クモ下目に属するクモのこと。「真のクモ」とも呼ばれる。すべて大瓶状腺から牽引糸をつくる。

ブドウ状腺 ブドウの房に似ていることから名付けられた。どのクモにもあって、精網、卵嚢、捕帯（捕まえた虫を包む糸）、網の装飾（かくれ帯）に使う糸をつくる。

鞭状腺 出糸管につながる鞭のような形の腺の部分に因んで命名。コガネグモ上科だけにあり、円網の弾力性に富んだ横糸や、コガネグモ上科のほかの網の捕獲糸に使われる糸を

つくる。

鞭状腺糸　コガネグモ上科の横糸などの捕獲糸に使われる超弾力性の糸。

保存配列　ある生物の系統を通して、何百万年もほとんど変わらないままの遺伝子の塩基配列またはタンパク質のアミノ酸配列。配列に変化がなく長期間保存されているのは、それが生きるのに必要不可欠な機能に関係していることを意味している。

メダマグモ上科　ウズグモ科（水平の円網をつくるクモとその近縁者）とメダマグモ科からなる上科。約三百種を含む。

毛櫛　篩板のあるクモ下目の第四脚に並んで生えている縮れた剛毛。篩板糸を絡み合わせるのに使う。

モチーフ　特別の機能を担うことが判明あるいは想定されているDNAの塩基配列またはタンパク質のアミノ酸配列。例えばGGXという配列は、糸タンパク質の強靭さの一因となっていると推測されている。

参考文献

この本の骨組みとなった概念と参考にした多くの研究のほとんどは、キャサリン・L・クレイグの *Spiderwebs and Silk*（Oxford: Oxford University Press, 2003）から得た。その他の情報の出所は以下に挙げてある。

第一章　化　石

1. Clack, J. A., "Devonian Climate Change, Breathing, and Origin of the Tetrapod Stem Group." Integrative and Comparative Biology 47 (2007): 510-523; McLeod, M., and S. Braddy, "Invasion Earth!" *New Scientist* (June 8, 2002): 38; McNamara, K., and P. Selden, "Strangers on the Shore" *New Scientist* (August 7, 1993): 23–27; Southwood, R., *Story of Life* (Oxford: Oxford University Press, 2003).

2. Dunlop, J. A., "New Ideas About the Euchelicerate Stem-Lineage." *Acta Zoologica Bulgarica* (2006): 9–23.

3. Brooks, D. R., and D. A. McLennan, *Nature of Diversity An Evolutionary Voyage of Discovery* (Chicago: University of Chicago Press, 2002); Cotton, T. J., and S. J. Braddy, "The Phylogeny of Arachnomorph Arthropods and the Origin of the Chelicerata." *Transactions of the Royal Society of Edinburgh*: *Earth Sciences* 94 (2004): 169–193; Dunlop, J. A., "The Origins of Tetrapulmonate Book Lungs and Their Significance for Chelicerate Phylogeny." In *Seventeenth European Colloquium of Arachnology*. Ed. P. A. Selden, 9–16 (Edinburgh: British Arachnological Society, 1997)"; Dunlop, J. A., "New Ideas About the Euchelicerate Stem-Lineage" *Acta Zoologica Bulgarica* (2006): 9–23; Dunlop, J. A., and P. A. Selden, "The Early History and Phylogeny of the Chelicerates," in Fortey and Thomas, *Arthropod Relationships*, 221–235; Giribet, G. *et al*.,

"Arthropod Phylogeny Based on Eight Molecular Loci and Morphology." *Nature* 413(2001): 157–161.

4. Dunlop, J. A. *et al.*, "Brief Communications" *Nature* 425 (2003):916; Engel, M. S., and D. A. Grimaldi, "New Light Shed on Oldest Insect" *Nature* 427 (2004): 627–630; Fayers, S. R. *et al.*, "New Early Devonian Trigonotarbid Arachnid from the Windyfield Chert, Rhynie Scotland." *Journal of Systematic Palaeontology* 2 (2005): 269–284; conversation with G. Giribet about early terrestrial arthropod evolution, Cambridge, Mass., April 8, 2009; Jeram, A. J. *et al.*, "Land Animals in the Silurian" *Science* 250 (1990): 658–661"; Selden, P. A., e-mail correspondence with authors concerning early spider evolution, March 5, 2009; Selden, P. A. *et al.*, "Fossil Evidence for the Origin of Spider Spinnerets, and a Proposed Arachnid Order." *Proceedings of the National Academy of Sciences* 105 (2008): 20781–20785; Clack, J. A., "Devonian Climate Change, Breathing, and the Origin of the Tetrapod Stem Group." *Integrative and Comparative Biology* 47 (2007): 510–523"; O'Donoghue, J., "How Trees Changed the World" *New Scientist* (November 24, 2007): 38–41; Southwood, R., *The Story of Life* (Oxford: Oxford University Press, 2003).

5. Banks, H. P. *et al.*, "Flora of the Catskill Clastic Wedge" In *The Catskill Delta*. Special Paper 201. Ed. D. L. Woodrow and W. D. Sevon, 125-141 (Boulder, Colo.: Geological Society of America, 1985); Clack, J. A., "Devonian Climate Change, Breathing, and the Origin of the Tetrapod Stem Group." *Integrative and Comparative Biology* 47 (2007): 510–523; Labandeira, C. C., "The Four Phases of Plant-Arthropod Associathions in Deep Time." *Geologica Acta* 4, no. 4 (2006): 409–438; O'Donoghue, J., "How Trees Changed the World" *New Scientist* (November 24, 2007): 38–41; Southwood, R., *The Story of Life* (Oxford: Oxford University Press, 2003); Tudge, C., *Tree* (New York: Crown, 2006).

6. Fortey, R., *Trilobite! Eyewitness to Evolution* (London: HarperCollins, 2000); Marriott, S. B. *et al.*, "Trace Fossil Assemblages in Upper Silurian Tuff Beds" *Palaeogeography*, *Palaeoclimatology*, *Palaeoecology* 274 (2009): 160–172.

7. Fayers, S. R. *et al.*, "New Early Devonian Trigonotarbid Arachnid from the Windyfield Chert, Rhynie Scotland." *Journal of Systematic Palaeontology* 2 (2005): 269–284; Foelix, S. R., *Biology of Spiders*. 2nd ed. (Oxford: Oxford University Press, 1996); Jeram, A. J. *et al.*, "Land Animals in the Silurian" *Science* 250 (1990): 658–661; McLeod, M., and S. Braddy, "Invasion Earth!" *New Scientist* (June 8, 2002): 38; McNamara, K., and P. Selden, "Strangers on the Shore" *New Scientist* (August 7, 1993): 23–27; Monastersky, R., "Fossils Push Back Origin of Land Animals." *Science News* (November 10, 1990): 292.

8. Dunlop, J. A. *et al.*, "How Many Species of Fossil Arachnids Are There?" *Journal of Arachnology* 36 (2008): 267–272; Fayers, S. R. *et al.*, "New

Early Devonian Trigonotarbid Arachnid from the Windyfield Chert, Rhynie Scotland." *Journal of Systematic Palaeontology* 2 (2005): 269–284; Jeram, A. J. *et al.*, "Land Animals in the Silurian." *Science* 250 (1990): 658–661.

9. Shear, W. A., "Fossil Fauna of Early Terrestrial Arthropods from the Givetian of Gilboa, New York, USA." *Actas X Congreso Internacional de Aracnologia* 1 (1986): 387–392; Shear, W. A. *et al.*, "Early Land Animals in North America." *Science* 224 (1984): 492-494.

10. Selden, P. A. *et al.*, "A Spider and Other Arachnids from the Devonian of New York, and Reinterpretations of Devonian Araneae." *Palaeontology* 34, part 2 (1991): 241–281; Shear, W. A. *et al.*, "Devonian Spinneret." *Science* 246 (1989): 479–481.

11. Damen, Wim G. M. *et al.*, "Diverse Adaptations of an Ancestral Gill" *Current Biology* 12 (2002): 1711–1716; Morgan, K., "Putting Gills to Good Use," American Association for the Advancement of Science, http://sciencenow.sciencemag.org/cgi/content/full/2002/1011/3.

12. Selden, P. A. *et al.*, "Fossil Evidence for the Origin of Spider Spinnerets, and a Proposed Arachnid Order." *Proceedings of the National Academy of Sciences* 105 (2008): 20781–20785.

第二章　生きている化石

1. Pickard-Cambridge, O., "On a New Species of *Liphistius*," *Annals and Magazine of Natural History* 15 (1875): 249–251.

2. Southwood, R., *The Story of Life* (Oxford: Oxford University Press, 2003).

3. Clack, J. A., "Devonian Climate Change, Breathing, and the Origin of the Tetrapod Stem Group." *Integrative and Comparative Biology* 47 (2007): 510–523"; Grimaldi, D., and M. S. Engel, *Evolution of the Insects* (Cambridge: Cambridge University Press, 2005); Labandeira, C. C., and G. J. Eble, "The Fossil Record of Insect Diversity and Disparity" In *Gondwana Alive: Biodiversity and the Evolving Biosphere*. Ed. J. Anderson *et al.*, (Johannesburg: Witwatersrand University Press, 2000); O'Donoghue, J., "How Trees Changed the World" *New Scientist* (November 24, 2007): 38–41; Shear, W. A. *et al.*, "Early Land Animals in North America" *Science* 224 (1984): 492-494; Stein, W. E. *et al.*, "Giant Cladoxylopsid Trees Resolve Enigma of the Earth's Earliest Forest Stumps at Gilboa." *Nature* 446 (2007): 904–907.

4. Selden, P. A., "First Fossil Mesothele Spider, from the Carboniferous of France." *Revue suisse de zoologie* vol. hors série 2 (1996): 585–596"; Selden, P.

A., "*Palaeothele*, Replacement Name for the Fossil Mesothele Spider *Eothele* Selden *Non* Rowell." *Bulletin of the British Arachnological Society* 11 (2000): 292.

5. Carpenter, G. H., "The Classification of Arachnids," *Natural Science* 2 (1893): 447–452.

6. Bristowe, W. S., "A Family of Living Fossil Spiders" *Endeavor* 34 (September 1975): 115–117; Haupt, J., "The Mesothele" *Zoologica* 154 (2003): 1–101; Murphy, F., and J. Murphy, *Introduction to the Spiders of South East Asia* (Kuala Lumpur: Malaysian Nature Society, 2000); Ono, H., "Spiders of the Genus *Heptathela* from Vietnam, with Notes on Their Natural History." *Journal of Arachnology* 27 (1999): 37–43; Platnick, World Spider Catalog Web site.

第三章　偶然と変化

1. Haupt, J., and J. Kovoor, "Silk-Gland System and Silk Production in Mesothelae." *Annales des sciences naturelles, zoologie, Paris* 14 (1993): 35–48.

2. Browne, J., *Darwin: Power of Place* (Princeton: Princeton University Press, 2002); Thomson, K., *Young Charles Darwin* (New Haven: Yale University Press, 2009); Zimmer, C., *Evolution* (New York: Perennial, 2001).

3. Coyne, J. A., and H. A. Orr, *Speciation* (Sunderland, Mass.: Sinauer Associates, 2004); Zimmer, C., *Evolution* (New York: Perennial, 2001).

4. Mayr, E., "Introduction," in Darwin, *On the Origin of Species*, vii–xxvii.

5. Darwin, C., *On the Origin of Species: A Facsimile of the First Edition* (Cambridge: Harvard University Press, 1964).

6. Thomson, K., *Young Charles Darwin* (New Haven: Yale University Press, 2009).

7. Browne, J., *Darwin: Power of Place* (Princeton: Princeton University Press, 2002).

8. Dawkins, R., *The Blind Watchmaker* (New York: Norton, 1996).

9. Selden, P. A. *et al.*, "A Spider and Other Arachnids from the Devonian of New York, and Reinterpretations of Devonian Araneae." *Palaeontology* 34, part 2 (1991): 241–281.

10. Coyne, J. A., *Why Evolution Is True* (New York: Viking, 2009); Coyne, J. A., and H. A. Orr, *Speciation* (Sunderland, Mass.: Sinauer Associates, 2004); Dawkins, R., *Selfish Gene* 2nd ed. (Oxford: Oxford University Press, 1989).

第四章　外へ、上へと向かって

1. Selden, P. A., and Jean-Claude Gall, "A Triassic Mygalomorph Spider from the Northern Vosges, France." *Palaeontology* 35, part 1 (1992): 211–235.

2. Southwood, R., *The Story of Life* (Oxford: Oxford University Press, 2003); Ward, P., "Breath of Life" *New Scientist* (April 28, 2007): 38–41; Clack, J. A., "Devonian Climate Change, Breathing, and the Origin of the Tetrapod Stem Group." *Integrative and Comparative Biology* 47 (2007): 510–523.

3. Clack, J. A., "Devonian Climate Change, Breathing, and the Origin of the Tetrapod Stem Group." *Integrative and Comparative Biology* 47 (2007): 510–523"; Damen, Wim G. M. *et al.*, "Diverse Adaptations of an Ancestral Gill" *Current Biology* 12 (2002): 1711–1716; Labandeira, C. C., and J. J. Sepkoski, Jr., "Insect Diversity in the Fossil Record." *Science* 261 (1993): 310–316; Grimaldi, D., and M. S. Engel, *Evolution of the Insects* (Cambridge: Cambridge University Press, 2005); Southwood, R., *The Story of Life* (Oxford: Oxford University Press, 2003).

4. Southwood, R., *The Story of Life* (Oxford: Oxford University Press, 2003); Labandeira, C. C. and J. J. Sepkoski, Jr., "Insect Diversity in the Fossil Record." *Science* 261 (1993): 310–316.

5. Coyle, F. A., "Systematics and Natural History of the Mygalomorph Spider Genus *Antrodiaetus* and Related Genera." *Bulletin of the Museum of Comparative Zoology of Harvard University* 141 (1971): 269–402; Coyle, F. A., "The Role of Silk in Prey Capture by Nonaraneomorph Spiders," in Shear, *Spiders*, 269–305.

6. Coyle, F. A., "The Role of Silk in Prey Capture by Nonaraneomorph Spiders," in Shear, *Spiders*, 269–305; Vincent, L. S., "Natural History of the California Turret Spider *Atypoides riversi*." *Journal of Arachnology* 21 (1993): 29–39.

7. Anderson, J. F., "Morphology and Allometry of the Purse-Web of *Sphodros abboti*" *Journal of Arachnology* 15(1987): 141–150; Coyle, F. A., "The Role of Silk in Prey Capture by Nonaraneomorph Spiders," in Shear, *Spiders*, 269–305; Edwards, R. L., and E. H. Edwards, "Observations on a New England Population of *Sphodros niger*." *Journal of Arachnology* 18,no. 1 (1990): 29–34.

8. Alcock, J., "Spider Envenomation, Funnel Web," Emedicine, December 4, 2008, http://www.emedicine.com/EMERG/topic548.htm.

9. Costa, F. G., and F. Pérez-Miles, "Behavior, Life Cycle and Webs of *Mecicobothrium thorelli*." *Journal of Arachnology* 26 (1998): 317–329.

10. Gertsch, W. J., *American Spiders*, 2nd ed. 1949; (New York: Van

Nostrand Reinhold, 1979), 229–231; Attenborough, D., *Life in the Undergrowth* (Princeton: Princeton University Press, 2005), 133–134.

11. Coyle, F. A., "The Role of Silk in Prey Capture by Nonaraneomorph Spiders," in Shear, *Spiders*, 269–305.

第五章　薄い空気を征服

1. "Talk of the Town: Spider Lady," *New Yorker* (February 8, 1941): 14.

2. Selden, P. A. *et al*., "Fossil Araneomorph Spiders from the Triassic of South Africa and Virginia." *Journal of Arachnology* 27 (1999): 401–414.

3. Foelix, R. F., *Biology of Spiders*. 2nd ed. (Oxford: Oxford University Press, 1996), 16; Hodge, M. A., and S. D. Marshall, "An Experimental Analysis of Intraguild Predation Among Three Genera of Web-Building Spiders" *Journal of Arachnology* 24 (1996): 101–110; Lopardo, L., *et al*., "Web Building Behavior and the Phylogeny of Austrochiline Spiders" *Journal of Arachnology* 32 (2004): 42–54; Ramirez, M. J., "Respiratory System Morphology and the Phylogeny of Haplogyne Spiders" *Journal of Arachnology* 28 (2000): 149–157; Shear, W. A., "Observations on the Predatory Behavior of *Hypochilus gertschi* Hoffman" *Psyche* 76 (1969): 407–417; Strazny, F., and S. F. Perry, "Respiratory System: Structure and Function," in Nentwig, *Ecophysiology of Spiders*, 78–94.

4. Opell, B. D., "How Spider Anatomy and Thread Configuration Shape the Stickiness of Cribellar Prey Capture Threads." *Journal of Arachnology* 30 (2002): 10–19.

5. Shear, W. A., "Observations on the Predatory Behavior of *Hypochilus gertschi* Hoffman." *Journal of Arachnology* 32 (2004): 42–54.

6. Coddington, J. A., "Spinneret Silk Spigot Morphology"; Coddington, "Cladistics and Spider Classification" *Journal of Arachnology* 17 (1989): 71–95; Coddington, J. A., and H. W. Levi, "Systematics and Evolution of Spiders" *Annual Review of Ecology and Systematics* 22 (1991): 565–592; Selden, P. A. *et al*., "Fossil Evidence for the Origin of Spider Spinnerets, and a Proposed Arachnid Order." *Proceedings of the National Academy of Sciences* 105 (2008): 20781–20785.

7. Decae, A. E., "Dispersal: Ballooning and Other Mechanisms," in Nentwig, *Ecophysiology of Spiders*, 348–356; Coyle, F. A., "Ballooning Behavior of *Ummidia* Spiderlings" *Journal of Arachnology* 13 (1985): 137–138; Coyle, F. A. *et al*., "Ballooning Mygalomorphs." *Journal of Arachnology* 13 (1985): 291–296.

8. Darwin, C., *A Naturalist's Voyage* (London: John Murray, 1889), 197.

9. Quoted in Thornton, I., *Krakatau: The Destruction and Reassembly of an Island Ecosystem* (Cambridge: Harvard University Press, 1996), 57.

10. Schneider, J. M., *et al.*, "Short Communication." *Journal of Arachnology* 29(2001): 114–116.

第六章 小さな変化、大きな利益

1. Caporale, L. H., *Darwin in the Genome* (New York: McGraw-Hill, 2003); Caporale, L. H., "Genomes Don't Play Dice." *New Scientist* (March 6, 2004): 42–45.

2. Challis, R. J. *et al.*, "Evolution of Spider Silks." *Insect Molecular Biology* 15 (2006): 45–56.

3. Garb, J. E. *et al.*, "Expansion and Intragenic Homogenization of Spider Silk Genes Since the Triassic." *Molecular Biology and Evolution* 24 (2007): 2454–2464.

第七章 回転し、走り、跳び、泳ぐ

1. Tietjen, W. J. *et al.*, "Symbiosis Between Social Spiders and Yeast." *Psyche* 94 (1987): 151–158.

2. Mikulska, I., "Parental Care in a Rare Spider *Pellenes nigrociliatus*." *Nature* 190 (1961): 365–366.

3. Hill, D. E., "Targeted Jumps by Salticid Spiders (Araneae, Salticidae, *Phidippus*)," http: //archive. org/details/Hill_2006_Targeted_jumps_by_salticids (accessed May 5, 2013).

4. Clark, R. J., and R. R. Jackson, "Web Use During Predatory Encounters Between *Portia fimbriata*, an Araneophagic Jumping Spider, and Its Preferred Prey, Other Jumping Spiders." *New Zealand Journal of Zoology* 27 (2000): 129–136.

5. Harland, D. P., and R. R. Jackson, "'Eight-Legged Cats' and How They See" *Cimbebasia* 16 (2000): 231–240; McCrone, J., "Smarter Than the Average Bug." *New Scientist* (May 27, 2006): 37–39.

6. Fabre, Jean-Henri, *Life of the Spider* (New York: Dodd, Mead, 1915), 119–122.

7. Henschel, J., "Spider Revolutions." *Natural History* 104 (March 1995): 36–39.

第八章　より広い空間へ

1. White, E. B., *Annotated "Charlotte's Web,"* Ed. P. F. Neumeyer (New York: HarperCollins, 1994), 77.

2. Coddington, J. A., "Spinneret Silk Spigot Morphology" *Journal of Arachnology* 17 (1989): 71–95; Coddington, J. A., "Cladistics and Spider Classification" *Acta Zoologica Fennica* 190 (1990): 75–87; Coddington, J. A., and H. W. Levi, "Systematics and Evolution of Spiders" *Annual Review of Ecology and Systematics* 22 (1991): 565–592; Platnick, N. I. *et al.*, "Spinneret Morphology and the Phylogeny of Haplogyne Spiders." *American Museum Novitates* 3016 (1991): 1–73; Griswold, C. E. *et al.*, "Towards a Phylogeny of Entelegyne Spiders" *Journal of Arachnology* 27 (1999): 53–63; Garb, J. E. *et al.*, "Silk Genes Support the Single Origin of Orb Webs," *Science* 312 (2006): 1762; Blackledge, T. A. *et al.*, "Reconstructing Web Evolution and Spider Diversification in the Molecular Era." *Proceedings of the National Academy of Sciences* 106 (2009): 5229–5234.

3. Neumeyer, P. F., "Appendix C," in White, *Annotated "Charlotte's Web,"* 210–217.

4. Garb, J. E. *et al.*, "Silk Genes Support the Single Origin of Orb Webs," supporting material (http://www.sciencemag.org/cgi/data/312/5781/1762/DC1/1).

5. Gatesy, J. *et al.*, "Extreme Diversity, Conservation, and Convergence of Spider Silk Fibroin Sequences." *Science* 291 (2001): 2603–2605.

6. Gaines, W. A., and W. R. Marcotte, "Identification and Characterization of Multiple Spidroin 1 Genes Encoding Major Ampullate Silk Proteins in *Nephila clavipes*." *Insect Molecular Biology* 17 (2008): 465–474.

7. Opell, B. D., "Increased Stickiness of Prey Capture Threads Accompanying Web Reduction in the Spider Family Uloboridae." *Functional Ecology* 8 (1994): 85–90.

8. Lubin, Y. D. *et al.*, "Webs of *Miagrammopes* in the Neotropics." *Psyche* 85 (1978): 1–23.

9. Ayoub, N. A. *et al.*, "Utility of the Nuclear Protein-Coding Gene, Elongation Factor-1 Gamma, for Spider Systematics, Emphasizing Family Level Relationships of Tarantulas and Their Kin." *Molecular Phylogenetics and Evolution* 42 (2007): 394–409; Zschokke, S., "Palaeontology" *Nature* 424 (2003): 636–637; Grimaldi, D., and M. S. Engel, *Evolution of the Insects* (Cambridge: Cambridge University Press, 2005).

10. Bond, J. E., and B. D. Opell, "Testing Adaptive Radiation and Key Innovation Hypotheses in Spiders." *Evolution* 52 (1998): 403–414.

11. Garb, J. E. *et al.*, "Silk Genes Support the Single Origin of Orb Webs," supporting material (http://www.sciencemag.org/cgi/data/312/5781/1762/DC1/1); Hayashi, C. Y., and R. V. Lewis, "Molecular Architecture and Evolution of a Modular Spider Silk Protein Gene." *Science* 287 (2000): 1477–1479.

12. Vollrath, F. *et al.*, "Compounds in the Droplets of the Orb Spider's Viscid Spiral." *Nature* 345 (1990): 526–528.

13. Coddington, J., "The Monophyletic Origin of the Orb Web," in Shear, *Spiders*, 319–363.

第九章　因果関係

1. Carroll, S. B., *Endless Forms Most Beautiful* (New York: Norton, 2005); Damen, Wim G. M. *et al.*, "Diverse Adaptations of an Ancestral Gill" *Current Biology* 12 (2002): 1711–1716; Morgan, K., "Putting Gills to Good Use." American Association for the Advancement of Science, http:// sciencenow. sciencemag.org/cgi/content/full/2002/1011/3.

2. Dunlop, J. A., "The Origins of Tetrapulmonate Book Lungs and Their Significance for Chelicerate Phylogeny." In *Seventeenth European Colloquium of Arachnology*. Ed. P. A. Selden, 9–16 (Edinburgh: British Arachnological Society, 1997).

3. Selden, P. A. *et al.*, "Fossil Evidence for the Origin of Spider Spinnerets, and a Proposed Arachnid Order." *Proceedings of the National Academy of Sciences* 105 (2008): 20781–20785.

第十章　どうやって騙すか

1. Angier, N., "Crafty Signs Spun in Web Say to Prey, 'Open Sky,'" *New York Times*, April 19, 1994.

2. White, E. B., *Annotated "Charlotte's Web,"* Ed. P. F. Neumeyer (New York: HarperCollins, 1994), 93.

第十一章　「完璧」を越えて

1. Cartan, C. K., and T. Miyashita, "Extraordinary Web and Silk Properties of *Cyrtarachne*." *Biological Journal of the Linnean Society* 71 (2000): 219–235.

2. Blackledge, T. A. *et al.*, "Are Three-Dimensional Spider Webs Defensive

Adaptations?" *Ecology Letters* 6(2003): 13–18.

3. Hannum, C. Jr., and D. M. Miller, *Widow Spiders*, Virginia Cooperative Extension, 2005.

4. Adams, S. H., "Notes on an Unpleasant Female," *New Yorker* (September 12, 1942): 40.

5. Ibid., 42.

6. Ibid., 45.

7. Ibid.

8. McCook, H. C., *American Spiders and Their Spinningwork*, 1889–1894; (Landisville, Pa.: Coachwhip, 2006), 532.

9. Blackledge, T. A. *et al.*, Coddington, and Gillespie, "Are Three-Dimensional Spider Webs Defensive Adaptations?" *Ecology Letters* 6 (2003): 13–18.

10. Agnarsson, I., "Morphological Phylogeny of Cobweb Spiders and Their Relatives" *Zoological Journal of the Linnean Society* 141 (2004): 447–626; Benjamin, S. P., and S. Zschokke, "Webs of Theridiid Spiders." *Biological Journal of the Linnean Society* 78 (2003): 293–305.

＊　原書には直接引用していないものも含めた総文献一覧が掲載されているが、翻訳版では都合により割愛している。